Gerd Gutemann

H₂-Wasserionisierer
selbst herstellen

Anwendungen von ionisiertem
basischem und saurem Wasser
für Menschen, Tiere,
Pflanzen, Haushalt

Impressum

„H₂-Wasserionisierer selbst herstellen"

Vielseitige Anwendungen von basischem und saurem Wasser für Menschen, Tiere, Pflanzen, Haushalt

Autor: Gerd Gutemann:

Cover: Copyright 2019 by Annabelle Hentzsche

Covervorlage: BoD

Texte und Abbildungen: Copyright 2023 by Gerd Gutemann

Alle Rechte vorbehalten. Nachdruck und Weitergabe, auch auszugsweise, nur mit Erlaubnis des Autors.

Jeder Art der kommerziellen Herstellung und Vertrieb des H₂-Wasserionisierers ist nur mit schriftlicher Erlaubnis des Erfinders Gerd Gutemann gestattet:

Neuhauserweg 28

D-88709 Hagnau / Bodensee

Tel. +497532-9809

Mail: vitaswing@gmx.de

Homepage: www.vitaswing.de

Bibliografische Information der Deutschen Nationalbibliothek. Die Deutsche Nationalbibliothek verzeichnet diese Publikation in der Deutschen Nationalbibliografie; detaillierte bibliografische Daten sind im Internet über www.dnb.de abrufbar.

ISBN: 9783757812294

Herstellung und Verlag: BoD - Books on Demand, Norderstedt

Inhaltsübersicht

Einleitung

Wie es zum Wasserionisierer-Selbstbau kam

Wasserionisierer weckten in mir anfangs der Jahrtausendwende das Interesse, weil für die damit herstellbaren ionisierten basischen und sauren Wasserarten viel Werbung gemacht wurde. In Videos, Vorträgen und Demonstrationen wurden die Vorteile für Gesundheit von Menschen, Tieren, Pflanzen und vielerlei Haushaltsanwendungen sehr werbewirksam herausgestellt. Zwischen 250 € und nahezu 4200 € waren bzw. liegen die Preise für kommerzielle Wasserionisierer für den Heimbereich.

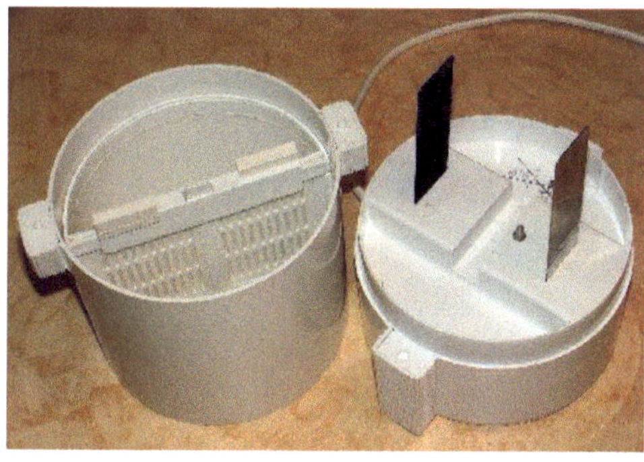

Zunächst kaufte ich mir ein (relativ) preiswertes Zwei-Kammer-Elektrolysegerät (Bild links) und sammelte damit eigene positive Erfahrungen für Gesundheits- und Haushaltszwecke.

Ein einziger kleiner Bedienungsfehler setzte nach Ablauf der Garantiezeit die Elektronik des Gerätes außer Betrieb. Anfragen an den Vertreiber bzw. auch Hersteller des Gerätes zwecks Teilersatz oder Reparatur blieben unbeantwortet.

Nachdem ich das einfache Prinzip: Trennung zweier Wasserkammern durch eine backpapierähnliche Membrane und Verwendung von Gleichstrom als praxistauglich erlebt hatte, begann ich mit Experimenten, wie ein vergleichbares Gerät selbst herstellbar ist.

Bild links: Anderer 2-Kammer-Wasserionisierer-Typ

Zunächst ging es mir nur darum, eine preiswerte Do-it-yourself-Alternative zu den kommerziellen Zweikammer-Wasserionisierern herzustellen.

Geeignetes Elektrodenmaterial, optimale Elektrodenform, Trennmembrane, ideale Abstände der Elektroden etc. fand ich erst nach vielen Versuchen heraus. Dutzende Prototypen zeigten auf, welche Schwachpunkte zu beheben waren, um letztlich einen einfachen, hocheffektiven, sicheren und preiwerten H_2-Wasserionisierer fertigzustellen.

Wie aus einem Wasserionisierer ein H_2-Wasserionisierer wurde

Wie bei den kommerziellen Wasserionisierern konzentrierten sich anfangs auch meine Bemühungen darauf, **möglichst rasch hohe bzw. tiefe pH-Konzentrationen** im Elektrolysewasser zu erhalten, denn ihnen schrieb man die eigentlichen Wirkungen im Gesundheits- und Haushaltsbereich zu.

Durch Salzbeigabe waren extrem hohe und tiefe pH-Wasserwerte auch mit jedem meiner Wasserionisierertypen problemlos herstellbar und die Entwicklung schien weitgehend abgeschlossen.

☞ Dann aber entdeckte 2007 eine japanische Ärzteforschungsgruppe um Prof. Shigeo Ohta, dass im ionisierten basischen Wasser nahezu ausschließlich das darin enthaltene Wasserstoffgas (molekulares H_2) jene positiven Wirkungen hervorbringt, die man bisher dem pH-Wert dieses Wassers zugeschrieben hatte. (Mehr dazu: http://www.molecularhydrogeninstitute.com/dr-shigeoohta-phd)

Aus dieser Erkenntnis über die zentrale Rolle von Wasserstoffgas (H_2) im basischen Wasser (Katholyt) entstand ein Dilemma: Für Gesundheitszwecke ausreichende H_2-Konzentrationen fanden sich im ionisierten basischen Wasser (Katholyt) erst ab einer pH-Konzentration, die mit preiswerten Mehrkammer-Geräten kaum erzielbar war, weil ihnen kein Salz beigefügt werden konnte. Nur die teuersten Geräte verfügten über die Möglichkeit, durch eine eigene Kammer Salz ins Elektrolysewasser elektronisch kontrolliert abzugeben.

Wenn aber die entsprechend hohe pH-Konzentration und damit auch die therapeutisch erforderliche H_2-Konzentration erreicht wurde, hatte sich der Wassergeschmack so verändert, dass kaum jemand dieses Wasser noch trinken wollte.

Mit anderen Worten: gerade die hochpreisigen Wasserionisierer erwiesen sich als nahezu unbrauchbar für die Erzeugung von höheren Konzentrationen von H_2-Wasserstoffgas.

Seitdem erfüllen neue, einfacher und preiswerter herstellbare Geräte, die **ausschließlich Wasserstoffgas herstellten, diesen Zweck besser.**

Als HRW-Geräte (Hydrogen-rich-Water-Geräte, s. Bild) setzten sie zum Siegeszug an und bedrängen die Wasserionisiererhersteller inzwischen gewaltig.

Nachteil der HRW-Geräte: sie erzeugen ausschließlich Wasserstoffgas. Bis sie eine für Gesundheitszwecke ausreichende Wasserstoffgassättigung von ca. 0,6 mg/L erreichen, kann es aber je nach Gerätetyp für ¼ Liter 10-15 Minuten dauern.

Mit dem H_2-Wasserionisierer werden diese H_2-Werte schon in wenigen Sekunden übertroffen!

Basisches Katholytwasser mit höheren pH-Werten kann man mit HRW-Geräten nicht herstellen, ebensowenig Anolyt-Chlordioxid.

Wer bisher Wasserstoffgas, Katholyt und Anolyt-Chlordioxid herstellen wollte, musste sich zwei entsprechende Geräte kaufen. Kosten: 3.000 bis 5.000 €. Im H_2-Wasserionisierer sind beide Gerätetypen in einem einzigen Gerät vereint – zum Preis von 20-35 € und ca. zwei bis drei Stunden Arbeitsaufwand.

Warum auch saures Elektrolysewasser (Anolyt) wichtig ist

Ähnlich wie beim ionisierten basischen Wasser der H_2-Anteil darin das eigentliche Wirkelement ist, so ist es auch beim ionisierten sauren Wasser (Anolyt). Zwar wusste man seit Jahrzehnten, dass Anolyt umso effektiver als antibiotisches, entgiftendes, oxidierendes Mittel wirkt, je tiefer der pH-Wert ist. **Im Anolyt können je nach Mineralzusatz ins Elektrolysewassers die stark oxidativen Gase Chlordioxid (ClO_2), Sauerstoff (O_2), Wasserstoffperoxid (H_2O_2) und Ozon (O_3) enthalten sein.** ☞ Gerade in Zeiten erhöhter Infektionen und Vergiftungen sind die oxidativen Gase im Elektrolysewasser bedeutsam.

Daher sollte auch dieser oxidative Wirkanteil beibehalten werden.

Die neuen Erkenntnisse über die Bedeutung des H_2-Wasserstoffgases und der Rolle der oxidativen Gase im Elektrolysewasser sollten nun also auch in meinen Wasserionisiererprototypen berücksichtigt werden. Es erforderte eine neue theoretische Herangehensweise und teilweise Umkonstruktion der Elektroden.

Idealanforderungen an Selbstbau eines H$_2$-Wasserionisierers

Der Wasserionisierer sollte also nun ein **H$_2$-Wasserionisierer** werden, der imstande sein sollte

- Einen möglichst hohen H$_2$-Anteil im basischen Wasser zu erzeugen.

- Die pH-Konzentration im basischen Wasser so langsam zu steigern, dass sie **noch im Trinkwasserbereich bis pH 9.5** und geschmacklich noch neutral bzw. positiv blieb.

- gleichzeitig **saures Anolyt jeder gewünschten Stärke** (von pH 6.5 bis 1.5) herstellen zu können.

- **Mineralien zu finden**, die sowohl H$_2$-Wasserstoff als auch starke, aber nicht zu starke oxidative Gase bei der Elektrolyse produzieren.

Die gleichzeitige Lösung dieser Aufgabe glich zunächst der Quadratur eines Kreises, oder salopp gesagt der Erfindung einer ‚eierlegenden Wollmilchsau!‘

Zur Lösung dieser Aufgaben war es unumgänglich, sich in verschiedenste Fachbereiche einzuarbeiten, um aus vielen Erkenntnissen die nötigen technischen Voraussetzungen ableiten zu können.

Dieses Hintergrundwissen zu erwerben erforderte für mich als Laien erheblich mehr Zeitaufwand, als die jeweiligen sich daraus ergebenden technischen Veränderungen am H$_2$-Wasserionisierer vorzunehmen.

Lösung scheinbar unvereinbarer Anforderungen

Kurzgefasst bestand die Lösung aller eben erwähnten Probleme darin, dass

- Die **Katholyt(Minus)-Elektrode sehr schmal** gestaltet wurde, damit an ihr das H$_2$-Gas konzentriert hochperlt.

- Ins Elektrolysewasser entweder naturbelassenes **Meersalz oder Magnesiumchlorid** in geringer Menge zugefügt wird, sodass durch den Elektrolysevorgang in der Kathodenkammer antioxidatives H$_2$-Gas und in der Anodenkammer u.a. die oxidativen Gase Chlordioxid (ClO_2), Sauerstoff (O_2), Wasserstoffperoxid (H_2O_2) und Ozon (O_3) entstehen und im basischen und sauren Wasser als Nanopartikelchen feinst verteilt enthalten sind.

- ☞ Das an der schmalen Kathode konzentriert hochperlende H$_2$-Gaswasser mittels eines Trinkröhrchens abgesaugt und sofort getrunken wird.

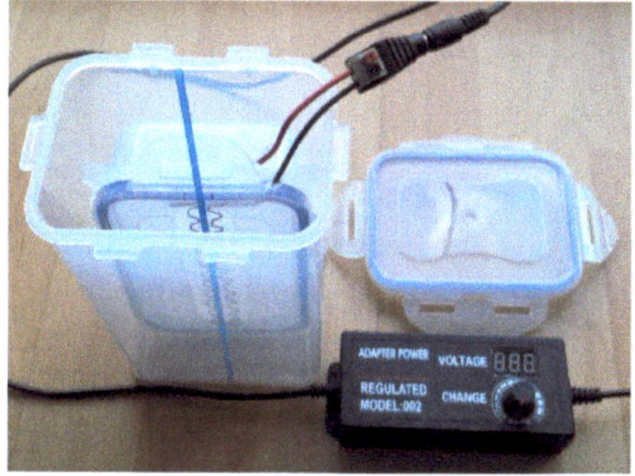 Beginnt der H_2-Absaugevorgang schon nach ca. 30-60 Sekunden und wird die gewünschte Trinkmenge innerhalb von 2-3 Minuten aufgenommen, dann befindet sich das basische Wasser meist noch im Trinkwasserbereich zwischen pH 8.0 und 9.5. Es schmeckt daher noch nahezu wie das verwendete Ausgangswasser.

Bildbeschreibung: H_2-Wasserionisierer mit einem 24 Volt Netzschaltgerät.

Mit dem Trinkhalm wird das an der Elektrode aufsteigende Wasserstoffgas (H_2) direkt unterhalb der Wasseroberfläche abgesaugt und getrunken oder in eine Flasche abgefüllt.

In der kleinen, inneren Kammer wird aus dem mineralisierten Elektrolysewasser saure Anolyt-Chlordioxidlösung (A-CDL) erzeugt, in der äußeren Kammer entsteht direkt an der Elektrode das Wasserstoffgas im basischen Wasser.

Der **H_2-Was**serionisierer stellt insofern eine bislang einzigartige Kombination von Wasserionisierer und HRW (Hydrogen-Rich-**Water**)- und CDL (Chlordioxidlösung)Generator** dar.

Dieses Drei-in-Eins-Gerät vermeidet die bisherigen Nachteile der einzelnen Gerätetypen und überwindet die bisherige Unvereinbarkeit dreier Gerätetypen auf verblüffend einfache Weise.

Außergewöhnliche Leistungsparameter des Gerätes

Aufgrund seiner **offenen Bauweise, speziellen schmalen Elektrodenform und Zumischmöglichkeit von Mineralien** sind mit dem H_2-Wasserionisierer H_2- und pH-Konzentrationen möglich, die von vielen professionellen Wasserionisierern und HRW-Geräten nicht erreicht werden: **pH-Wasserwerte von 1.5 bis 13.5, Chlordioxidwerte von 0,5 bis ca. 2000 ppm, Wasserstoffgassättigungswerte über 1,6 ppm/L.**

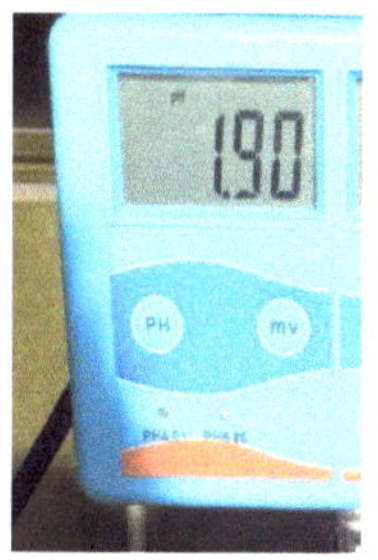

Zum Vergleich: der beste und teuerste Leveluk-K8-Wasserionisierer erbringt Leistungen von 1.5 – 11.8 pH bei Preis von 4200 €! (https://kangen-wasserexperten.at/leveluk-k8/)

Umfassender Gerätenutzen setzt Wissen voraus

Das unscheinbare, einfache Äußere und Innere des **H$_2$-Wasserionisierers** lässt kaum ahnen, wie unglaublich vielfältig die Anwendungsmöglichkeiten und Nutzwirkungen von ionisierten basischen und sauren Wasserarten sind.

Je nach Mineralienzusatz ins Elektrolysewasser (Meersalz, Magnesiumchlorid, Basenpulver etc.) eröffnen sich ganz neue, **vielseitige Anwendungsmöglichkeiten für Gesundheit, Haushalt, Garten, Tiere und Pflanzen.**

Niemand liest gerne Gebrauchsanweisungen. Aufgrund eigener Erfahrungen kann ich sagen: ☞ Nur wer sich die Zeit gönnt, die nachfolgenden Anwendungstipps und Wirkungserklärungen zu lesen und behutsam, aber konsequent umzusetzen, wird das unglaubliche Potential dieser Erfindung ausschöpfen und erweitern können!

Elektrolyse in zwei oder mehr Kammern

Damit auch Laien verstehen, was im H$_2$-Wasserionisierer geschieht, zunächst einige einfach gefasste Ausführungen über den Vorgang und das Wesen einer Elektrolyse von Wasser.

Was bei Elektrolyse geschieht

Es kann als Elektrolysewasser reines Quellwasser, Leitungswasser, Mineralwasser oder auch entmineralisiertes bzw. entionisiertes (Umkehrosmose)Wasser, dem dann aber Mineralien zugesetzt werden müssen, für die Elektrolyse verwendet werden.

In Quellwasser, Leitungswasser und Mineralwässern befinden sich basische und saure Mineralien in verschiedenen Konzentrationen. Je nach Inhalt ermöglichen sie eine schwächere oder stärkere elektrische Leitfähigkeit des Wassers und damit auch der Intensität der Elektrolyse.

Je nachdem, ob in der Basenkammer anteilsmäßig z.B. die häufigsten basischen Wassermineralien Natrium, Calcium, Magnesium oder Kalium überwiegen und in welchem Verhältnis untereinander sie vorhanden sind, können unterschiedliche Wirkungen im Körper beim Trinken von ionisiertem basischem Aktivwasser auftreten.

Wenn sich in zwei Kammern, die durch eine wasserdichte Ionentrennmembran voneinander getrennt sind, Wasser befindet und in eine Kammer positiver Gleichstrom durch eine (+)Elektrode (Anode), in die andere (-)Elektrode (Kathode) negativer Gleichstrom geleitet wird, dann erfolgt scheinbar eine ‚Wassertrennung' oder 'elektro-galvanische Trennung'. Lediglich die Ionen wandern durch die Membrane.

Gleichstrom ermöglicht es den sauren oder basischen Mineralionen im Elektrolysewasser, sich durch eine halbdurchlässige Ionentrennmembrane zu bewegen, ohne dass ein Wasseraustausch zwischen beiden Kammern erfolgt.

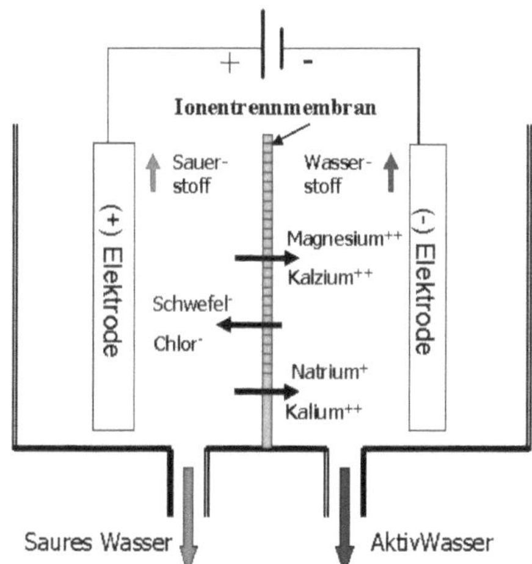

In der Anodenkammer (linke Kammer des Bildes) konzentrieren sich die sauren Ionen aus beiden Wasserkammern an der Anode (+Elektrode). Die dort entstehende Flüssigkeit heißt daher auch Anolytwasser, oder nach ihrem Chlordioxid-Hauptbestandteil Anolyt-Chlordioxidlösung (A-CDL).

In der Basenkammer (Kathodenkammer rechts) konzentrieren sich die basischen Ionen aus beiden Wasserkammern an der Kathode (-Elek-trode). Die dort entstehende basische, ionisierte Flüssigkeit heißt daher auch Katholyt. Darin wirken hauptsächlich Wasserstoffgas und im Falle von Magnesiumchloridbeimischung ins Elektrolysewasser auch ionisiertes pures Magnesium.

Als Gas entsteht aus dem sauren Wasser Sauerstoff, aus dem basischen Wasser Wasserstoffgas.

Das Elektrolysewasser am Plus-Pol (Anode) wird sauer = Anolytwasser. Es enthält hauptsächlich Chlordioxid (ClO_2), wenn die weiteren darin meist enthaltenen Gase Sauerstoff (O_2), Wasserstoffperoxid (H_2O_2) und Ozon (O_3) daraus nach kurzer Zeit entschwunden sind.

☞ Weil das saure Anolyt nach dem Ausgasen der anderen oxidierenden Gase hauptsächlich aus Chlordioxid besteht, kann es auch **Anolyt-Chlordioxidlösung, abgekürzt A-CDL** genannt werden.

Es zeigt zwar dieselben Wirkungen wie die üblicherweise hergestellte Chloridoxidlösung (CDL), besteht aber aus anderen Ausgangsstoffen (Salz oder Magnesiumchlorid statt Natriumchlorit und Schwefelsäure).

Nach diesem einfachen Ionen-Trenn-Prinzip funktionieren letztlich alle Wasserionisierer, egal ob es **Zwei-Kammer-Wasserionisierer** oder **Durchflusswasserionisierer** mit mehreren Elektrolysekammern sind.

2-Kammerprinzip beim H₂-Wasserionisierer

Gemäß dem obigen Elektrolyse-Wirkprinzip ist auch der H_2-Wasserionisierer aufgebaut.

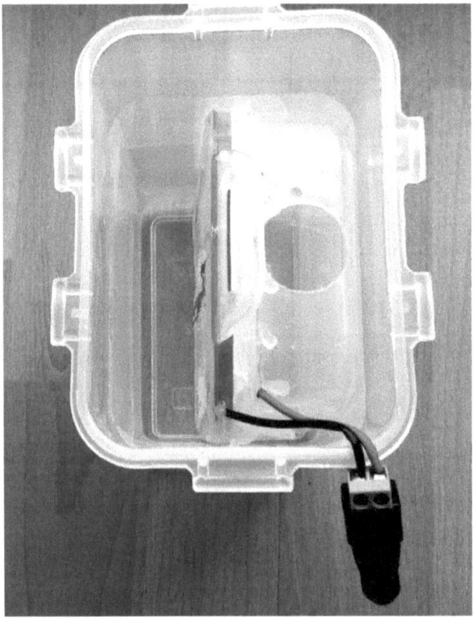

In die kleinere **Innenkammer mit der roten Plus-Elektrode (Anode)** wandern durch die Ionentrennmembran (Diaphragma, hier zwischen dem Deckel und dem Dosenunterteil eingeklemmt) nahezu alle sauren Ionen aus dem Wasser beider Kammern zur positiven +Elektrode in der inneren Basenkammer.

In die **äußere Kammer mit der schwarzen Minus-Elektrode (Kathode)** wandern durch die Trennmembran (Diaphragma) nahezu alle mineralisch-basischen Ionen aus dem Wasser zur negativen -Elektrode.

Innerhalb von 1-2 Minuten bekommt das **Wasser in jeder Kammer einen anderen Geschmack und völlig verschiedene Eigenschaften und Anwendungsmöglichkeiten**. Weil die Trennmembran zwischen beiden Wasserkammern aber wasserundurchlässig ist, 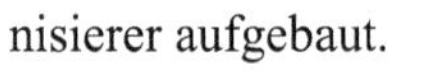 kommt die Geschmacks- und Eigenschaftsveränderung nicht durch Wasseraustausch, sondern durch einen Ionenaustausch durch die Ionentrennmembrane zustande.

Für diesen Ionen-Austauschvorgang hat sich **'Ionisierung'** als Begriff eingebürgert, obwohl es korrekterweise 'Elektrodialyse' oder aufgrund der beigefügten Mineralien **'Elektro-Chemische-Aktivierung' (ECA)** heißen müsste.

Da dem Elektrolysewasser Magnesiumchlorid, Salz oder eine Basenmischung beigefügt wird, ist der ☞ **H_2-Wasserionisierer vom Typ her ein ECA-Wasserionisierer.**

Es werden bei diesem elektro-chemischen Vorgang also **keine Ionen erzeugt, sondern lediglich die im Wasser schon vorhandenen basischen und sauren Ionen wandern durch die feinporige Trennmembrane hindurch zur gegenpoligen Elektrode.**

Je länger dieser elektrochemische Prozess dauert, desto mehr konzentrieren sich die Ionen an der zugehörigen Elektrode. Von dort aus verwirbeln sie sich ins übrige Wasser. Dabei verändert sich der pH-Wert und auch der Wassergeschmack sowie die Anwendungseigenschaften in verschiedenen Wasserarten.

Das in der äußeren Kathodenkammer freiwerdende molekulare **Wasserstoffgas (H_2)** verbleibt als Nanobubbles teils im basischen Katholyt, größtenteils entweicht es aber in die Luft, weil es extrem leicht ist und daher sofort an die Wasseroberfläche hochsteigt.

Wird **es direkt an der Kathode abgesaugt und getrunken, ist die** H_2-**Konzentration erheblich höher als im umgebenden Wasser**, das maximal höchstens 1,6 mg/L Wasserstoffgas enthält – es sei denn, H_2 wird unter Druck erzeugt.

Die in der Anodenkammer freiwerdenden Oxidationsgase **Sauerstoff, Ozon und Wasserstoffperoxid gasen sehr rasch aus dem sauren Anolyt aus.** ☞ Das wichtigste **Oxidationsgas Chlordioxid verbleibt relativ stabil gelöst im Wasser.** Daher nenne ich es auch Anolyt-Chlordioxid (A-CDL), d.h. es ist aus Elektrolyse mit Salz oder Magnesiumchlorid gewonnene Chlordioxidlösung.

Sie unterscheidet sich hinsichtlich der Ausgangsstoffe von der üblichen Chlordioxidlösung (CDL), die meist aus 28%igem Natriumchlorit und 4%iger Schwefelsäure gewonnen wird.

☞ **Trotz unterschiedlicher Herstellungsart von CDL und A-CDL sind die Wirkungen und Anwendungsmöglichkeiten beider Chlordioxidlösungen identisch.**

Preisvergleiche zwischen Wasserionisierern

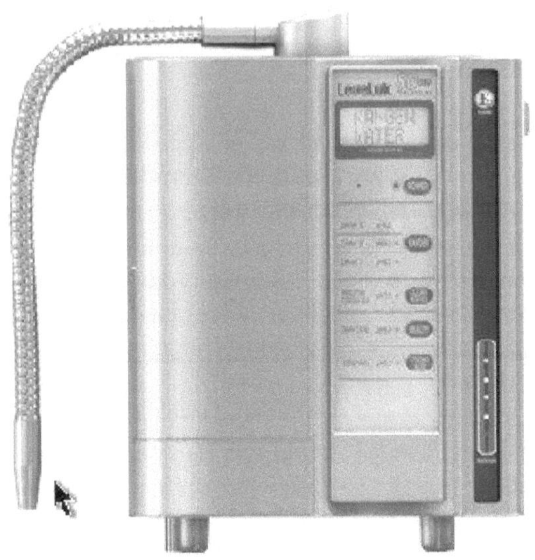

2-Kammer-Wasserionisierer und Durchfluss-Wasserionisierer sind heute je nach technischer Ausstattung zu Preisen zwischen 250.- bis 4200.- € für den Haushaltsgebrauch zu erhalten. Geräte für Großverbraucher (Industrie, Landwirtschaft, Medizin) liegen zwischen 4.000 und zigtausend €.

Bild: Leveluk-SD501 Platinum 7-Kammer-Durchfluss-Wasserionisierer. Leistung: ~2,2 - 11,8 pH, Nettopreis: 3.500,00 EUR zuzüglich MwSt.

Mehr über **2-Kammer-Wasserionisierer**: http://www.vitaswing.de/gesund/phmilieu/wasserionisierung.htm#2-Kammer-Wasserionisierer

Mehr über **Durchfluss-Wasserionisierer**: http://www.vitaswing.de/gesund/phmilieu/wasserionisierung.htm#Durchfluss-Wasserionisierer

☞ Bei jedem Wasserionisierer werden die Ionisierungsendprodukte = Wasserstoffgas (H_2) im basischen Katholyt-Wasser und saure Anolyt-Chlordioxidlösung (A-CDL) grundsätzlich-prinzipiell aus Wasser, Metallelektroden, Gleichstrom und evtl. etwas Solezugabe hergestellt.

Wasserstoffgas, basisches und saures Wasser - egal wie es von verschiedenen Herstellern aus markenschutzrechtlichen Gründen genannt wird - liefert grundsätzlich gleiche Anwendungsmöglichkeiten.

(Mehr dazu: http://www.vitaswing.de/gesund/ph-milieu/anwendungen-anolyt+katholyt.htm)

Während sich die kommerziellen Wasserionisierer mit technischen und elektronischen Details und entsprechend hohen Preisen überbieten, geht es auch anders, wie ich mit verschiedenen H_2-Wasserionisierern beweise.

H₂-Wasserionisierer vs. Durchfluss-Wasserionisierer

Die meisten und technisch ausgereiftesten Wasserionisierer sind Durchfluss-Wasserionisierer mit mehreren (bis zu 8) Elektrolysezellen.

Nichtsdestoweniger sprechen zahlreiche Vorteile für den H₂-Wasserionisierer mit **2-Kammern:**

- die **Elektrolysezeit kann beliebig ausgedehnt** werden. Bei Durchfluss-Wasserionisierern stoppen dagegen wegen Überhitzungsgefahr die meisten Geräte schon nach 1 - 5 Minuten den Elektrolysevorgang.

- **Meersalz bzw. Sole, Magnesiumchlorid o.a. Mineralmischungen** können dem Wasser in beiden Wasserkammern vor oder während des Elektrolysevorgangs beigefügt werden. Dies vermag sowohl den elektrischen Stromfluss zu erhöhen, als auch beträchtliche Mengen an Wasserstoffgas (H₂) sowie die pH-, ppm- und ORP-Werte beträchtlich zu steigern. Nur wenige Durchfluss-Wasserionisierer haben spezielle Sole-Zumisch- und Dosiermöglichkeiten (was entsprechende komplizierte Elektronik und beträchtlichen Aufpreis erfordert) und sie benötigen meist spezielle (Salz)Produkte dafür.

Die unkomplizierte, einfache Zumischmöglichkeit und Laufzeitvariabilität beim H₂-Wasserionisierer ermöglichen, dass

- beträchtliche Mengen an **Wasserstoffgas** (H₂) in der Kathodenkammer zu erzeugen sind. Dies ist physiologisch sehr wichtig, weil seine ☞ **hohen antioxidativen Effekte zur Prophylaxe bzw. Bekämpfung nahezu jeder Krankheit wichtig sind.**

- mit ihm problemlos **saure Wasserwerte (Anolyt-Chlordioxidlösung) bis pH 1.5 (ca. 3000 ppm) und ORP-Werte bis +> 1200 mV oder höher** zu erzeugen sind. ☞ Erst bei pH-Werten unter 2.5 und ORP-Werten über +500 mV kann man garantiert **zu 99,99% alle pathogenen Viren, Keime und Bakterien töten.**

- Mehr zu ORP: http://www.vitaswing.de/gesund/ph-milieu/ph-orp-werte.htm#Redoxwert

- H₂-Wasserionisierer nach dem 2-Kammer-Prinzip können aufgrund der Mineralzumischmöglichkeit und Laufzeitvariabilität problemlos **sehr hohe pH-Werte (bis über 13.5) bzw. ORP-Werte (tiefer als -850 mV) erreichen.**

- gezielt bei Anolyt-Chlordioxid und Katholyt unterschiedliche Werte und Wirkmöglichkeiten erzielbar sind, wenn man z.B. Basenmischungen oder unraffiniertes Meersalz (mit seinen über 80 Mineral- und Spurenelementen) hinzufügt.

- 2-Kammer-Wasserionisierer sind **beträchtlich kostengünstiger** (kommerzielle Geräte ca. 260 - 950 €, Durchlauf-Wasserionisierer 600.- bis 4200.- €)

- H_2-Wasserionisierer können von Bastlern in 2-3 Stunden für sehr geringe Kosten (20-35.- €) selbst hergestellt werden! (http://www.vitaswing.de/gesund/ph-milieu/wasserionisierer-diy.htm)

- Sie können durch beliebige Elektrolysedauer und Mineralzumischung tiefere und höhere pH- und ORP-Werte wie kommerzielle High-tech-Durchlauf-Wasserionisierer erreichen. (1.5 bis 13.5 pH!!)

- Die **Elektroden und Kammern sind beim** H_2-Wasserionisierer **leicht und direkt zugänglich,** können daher nach jedem Elektrolysevorgang **leicht und rasch auf Verkalkung oder sonstige Anlagerungen geprüft und bei Defekt selbst ausgetauscht** werden.

- Die **Reinigung und Entkalkung der Elektroden** z.B. durch Elektrodenumkehr, durch Zitronen- oder Essigsäure oder Anolyt geht innerhalb weniger Minuten vor sich und gewährleistet **gleichbleibende Leistungsfähigkeit.** Bei Durchlauf-Wasserionisierern ist dafür komplizierte Elektronik mit automatischer Wasserumkehr etc. erforderlich. Wird nicht nach wenigen Elektrolysedurchgängen speziell entkalkt, oder erfolgt die Reinigung an schwierig zugänglichen Elektroden- oder Gefäßteilen nicht ausreichend, verlieren sie rasch ihre pH- und ORP-Leistungsfähigkeit.

- Beim H_2-Wasserionisierer kann eine **Elektrodenbeschädigung / Abnutzung sofort und leicht erkannt** werden. Beim geschlossenen Durchfluss-Wasserionisierer wird dies evtl. erst nach Monaten durch stetigen Leistungsverlust entdeckt. Bis dahin hat man evtl. giftige Metallpartikelchen aus schadhaften Elektroden über längere Zeit inkorporiert und evtl. den sonstigen Nutzen von ionisiertem Wasser umgekehrt. - Eine dann fällige Reparatur oder ein Elektrodenersatz ist meist ziemlich kostspielig und durch das erforderliche Einschicken ins Werk (evtl. nach Japan oder Korea) auch zeitaufwändig.

- Insbesondere das **saure Wasser** (Anolyt-Chlordioxid) ist bei Durchflussgeräten oft nur direkt nach einer Reinigungsphase wirklich sauer, weshalb für eine **schnelle und zuverlässige Erzeugung von wirksamem, stark saurem Wasser** ein H_2-Wasserionisierer geeigneter ist. Das ist besonders wichtig bei der Bekämpfung von virulenten pathogenen Mikroben.

- Der hohe pH- und Redox-Wert von **frisch ionisiertem Wasser** aus Durchflussgeräten kann bereits nach 30 Minuten bis wenigen Stunden stark abnehmen, bis auf nahezu Normal-pH. **Beim H_2-Wasserionisierer bleibt der pH Wert stabiler, auch der Redoxwert vermindert sich nur um ca. 10% pro Tag** (bei luftdicht geschlossener Glasflasche, gekühlt und dunkel aufbewahrt).

- 1 Liter Wasser liefert beim H_2-Wasserionisierer ebenso viele basische Ionen, wie bei Durchlauf-Wasserionisierern bis zu fünf Liter durchlaufendes Wasser.

- Er **kann mit jedem sauberem Wasser befüllt** werden, also mit normalem Leitungswasser, gefiltertem Leitungswasser, abgekochtem, sterilisiertem Wasser oder auch Quell,- Brunnen-, Bach- oder Mineralwasser. Vorzuziehen ist mineralienfreies Wasser aus **Umkehr-Osmose**-Anlagen, das dann zuvor jedoch mit etwas Salz, Salzsole oder Magnesiumchlorid remineralisiert werden sollte.

- Er ist **variabel einsetzbar**, d.h. ☞ überall, auch unterwegs mit Batteriestrom oder einem 20W-Solarpaneel.

- er benötigt keine Montage am Wasserhahnanschluss, man hat keine 'Schläuchleswirtschaft' am Spülbecken.

- ist einfach und sicher zu handhaben

Fazit: Zwar ist beim H_2-Wasserionisierer der Komfort geringer als bei High-tech-Durchlaufwasserionisierern, dafür erhält man mit etwas mehr Zeitaufwand i.d.R. wesentlich höhere Konzentrationen von pH und ORP sowie stärkere Anolyt-Chlordioxidkonzentrationen und pH-Werte bis 1.5 (ca. 3000 ppm CDL). Dies erweitert die antiinfektiösen Einsatzmöglichkeiten beträchtlich.

Vor allem **für die Vorbeugung und Behandlung von Infektionen oder bei Vergiftungszuständen ist diese Variabilität von großem Vorteil.**

Historie der Elektrolyse und Wasserionisierung

Entdeckung der Elektrolyse

Johann Wilhelm Ritter (1776-1810) hat die Wasserelektrolyse als erster systematisch durchgeführt. Er und weitere Forscher befassten sich aber nicht mit den Veränderungen des Wassers bei der Elektrolyse, sondern nur mit den dabei austretenden Gasen. Ritter gilt daher nicht als Erfinder des Wasserionisierers. (https://de.wikipedia.org/wiki/Johann_Wilhelm_Ritter)

Der Russe *V.V. Petrov* **erfand zwar die Methode der Diaphragma-Wasserionisierung**, bei der zwischen die beiden Elektroden in der Elektrolysekammer eine Ionentrennmembrane angebracht wird. Aber auch er interessierte sich nicht für die Eigenschaften und Nutzwirkungen der dabei entstehenden neuen basischen und sauren Wasserarten.

Mehr zur Geschichte der Wasserionisierung: http://www.aquavolta.de/quantomed/history_waterionizer.htm

Natterers Anwendungen der Wasserelektrolyse

Es ist erst ein Jahrhundert her, seitdem auch erforscht wird, wie sich durch Elektrolyse entstehende ionisierte basische und saure Wasserarten verwenden lassen.

Elektrolysegeräte zur **Trinkwasserverbesserung** wurden zuerst in den 1920er Jahren in Deutschland konstruiert. Damit wurden vor allem **künstliche Mineralwässer** hergestellt.

In München baute der deutsche Ingenieur *Alfons Natterer (1893-1981)* in den 1930er Jahren die ersten **Wasserionisierer mit 3 Kammern**, in denen saures, basisches und neutrales, weitgehend mineralienfreies Wasser hergestellt wurde. Es sollte vor allem als Wasser zum Bierbrauen eingesetzt werden. Bei den Münchener Brauereien fand Natterers Idee aber keinen Anklang.

Seit den 1930er Jahren wurde durch die Forschungen und Produkte von Alfons Natterer bekannt, dass **durch Elektrolyse ionisierte basische und saure Wasserarten für verschiedene Gesundheitsanwendungen** genutzt werden können.

Natterer entdeckte zusammen mit verschiedenen Ärzten **medizinische Anwendungen für sein neutrales Wasser**, das er zunächst *Hydropuryl* nannte und vertrieb. 1938 wurde es als Arzneimittelspezialität in "Gehes Codex" aufgeführt.

Das basische und saure Hydropuryl wurde beim Bundesgesundheitsamt (Nr. H 636, H 637, H 638) registriert und in den 50er Jahren um 2,30 DM/Liter über Apotheken vertrieben.

1941 gewann Natterer den Münchener Internisten *Dr. med. F. Dammert* für praktische Versuche an Patienten in seiner Privatpraxis. 408 Patienten-Fallstudien und die Hydropuryl Fabrik wurden aber am 8.11.1940 durch einen britischen Bombenangriff vernichet. Später erbaute Natterer wieder Wasserionisierer-Fabriken in Berchtesgaden und Wernberg/Oberpfalz.

Am 1. Oktober 1948 hatte Alfons Natterer seinen Wasserionisierer zum Patent angemeldet. Es wurde allerdings erst 1960 als Patent anerkannt. Danach vergab Natterer offenbar erstmals Lizenzen an andere Vertriebe. Diese vermarkteten Hydropuryl z. B. unter dem Namen "Galvalit".

Natterer vermarktete sein Elektrolytwasser erfolgreich in der Tiermedizin und der Landwirtschaft unter verschiedenen Namen (z.B. 'Hydropuryl', 'Galvalit', Nawasan 507).

Mehr dazu: http://www.aquavolta.de/quantomed/history%20waterionizer.htm

In Riederau am Ammersee gründete *Dr. Manfred Curry* die Curry - Klinik mit angegliedertem Bioklimatischen Institut. Alfons Natterer vertraute Dr. Curry seine Elektrolysegeräte an, der damit umfangreiche Grundlagenforschung durchführte.

(https://de.wikipedia.org/wiki/Manfred_Curry)

In der ärztlichen Anwendung der drei Nawasan 507-Wasserarten wurde saures Wasser mit pH 1.8, neutrales Wasser mit pH 7.0 und alkalisch-basisches Wasser mit pH 12.5 als 'Neuraltherapeuticum' gegen **verschiedenste Erkrankungen des vegetativen Nervensystems** verwendet.

Vorschriftsmäßig angewendet, ☞ führte das basische Wasser durchweg zu **besserem Appetit, gutem Stuhlgang, vermehrter Harnabsonderung, ruhigem Schlaf, geringerer Anfälligkeit bei Wetterumschwung.**

Dr. Hänsche resümmierte 1963: Das ☞ saure Wasser „hat bakteriziden Charakter... Es wird in der Therapie verwandt zum Gurgeln, zu Aerosolinhalationen, bei chronischen Mandelentzündungen und bei

Nasennebenhöhlenkatarrhen, zu Umschlägen bei Entzündungen, besonders bei Venenentzündungen, Thrombosen, verschmutzten Unfallwunden, nicht verheilenden Operationswunden und besonders bei Panaritien" .(Nagelerkrankungen)." Das sind jene Anwendungen, die heute als CDL = Chlordioxidlösung propagiert werden!

Mehr zur Geschichte der Wasserionisierung: http://www.aqua-volta.de/quantomed/history_waterionizer.htm

Mehr zur früheren Herstellung und Anwendung des ionisierten basischen und sauren Wassers: http://www.vitaswing.de/gesund/ph-milieu/historie.htm

Wasserionisierer-Zulassung in Japan

1962 wurde ein Wasserionisierer-Heimgerät erstmals als ein Elektrolysegeräte mit 2 Zellen zur Erzeugung medizinischer Substanzen in Japan zugelassen. Japaner produzierten damit saures Anolyt (Anolyt-Chlordioxidlösung) und basisches Katholyt.

☞ Für das basische Katholyt fand man folgende **Anwendungszwecke: Chronischer Durchfall, Verdauungsbeschwerden, abnormale Gärungsprozesse in Magen und Darm sowie gegen Übersäuerung im Verdauungsbereich.**
(http://www.vitaswing.de/gesund/ph-milieu/katholyt.htm)

☞ Das **saure Anolyt-Chlordioxid wurde lediglich als hautstraffend und für ‚Beauty' – Zwecke** geeignet eingeschätzt.

Diese wenigen Gesundheitsanwendungen wurden vom Japanischen Gesundheitsministerium 1965 anerkannt.

Wasserionisiererentwicklung in Japan und Korea

In **Japan** und **Südkorea** wurde die Entwicklung von kommerziell erhältlichen Wasserionisier-Geräten weitergeführt und perfektioniert.

Die intensivsten und langjährigen Forschungen an beiden Wasserarten wurden in der einstigen **Sowjetunion (Usbekistan)** durchgeführt – und die Ergebnisse aus militärischen Gründen weitgehend geheimgehalten.

Wasserionisierer aus russischer Produktion dienten vor allem der Erzeugung von desinfizierendem saurem ionsiertem Wasser. Russische Geräte spielen im Westen und in Fernost allerdings kaum eine Rolle.

1979 wurde in Japan der erste haushaltsfähige Durchlauf-Wasserionisierer entwickelt. Im Laufe der Jahre wurden Industriestandards für die Herstellung dieser Geräte entwickelt.

Das Problem der geringen Haltbarkeit des basischen Katholytwassers – aufgrund des raschen Ausgasens des Wasserstoffgases darin - wurde so gelöst, indem sich jeder seine basische Wasserquelle zuhause mit einem Wasserionisierer selbst schaffen kann.

Militärische Erforschung von ionisiertem Wasser

Der russische Ingenieur *Vitold Bakhir* war 1972 auf die Idee gekommen, dass man elektrolytisch behandeltes basisches Wasser als kostensparende **Bohrflüssigkeit** bei der Erschließung der Erdgasfelder in Usbekistan nutzen konnte.

Arbeiter an den Bohrtürmen badeten in dem basischen Katholytwasser aus der Bohrwasserproduktion. Dadurch heilten ihre **häufigen Sonnenbrände rascher ab und sie bekamen keine neuen mehr.**

☞ Aufgrund dieser Beobachtungen wurde erforscht, ob basisches Katholyt als **Strahlenschutz und -heilungsmittel** geeignet sei. Tierversuche ergaben, dass es sich dafür tatsächlich eignet.

Militärs der UdSSR beschlossen während der Zeit des kalten Krieges, man sollte diesen spottbilligen Strahlenprotektor besser geheim halten. Große Finanzmittel aus mehreren Ministerien flossen nach Usbekistan und ermöglichten das wohl bisher größte Wasserionisierungs-Forschungsprojekt aller Zeiten in Taschkent. Die Hauptzielsetzung ihrer Forschungen bezweckte wohl, ionisiertes Wasser daraufhin zu erforschen, ob es ☞ **gegen Strahlenschäden durch Atombomben oder Reaktorunfälle** vorbeugend schützen bzw. **im atomaren, biologischen oder chemischen Verstrahlungsfalle rascher zu entgiften** helfe.

Auch das bei der Wasserelektrolyse entstehende basische, antioxidative Wasser (Katholyt) zeigte bedeutsame, erstaunliche Wirkungen: Es ☞ **stärkt u.a. das Immunsystem, stoppt viele Krankheitsprozesse, u.a. das Wachstum von Krebszellen.** Daher dürfte es äußerst **nützlich sein für die Überlebenden eines Atomangriffs oder eines chemischen Angriffes.**

Die russischen Forscher nannten das ionisierte basische Wasser (Katholyt) daher **'Wasser des Lebens'**. (Mehr über Katholyt: http://www.vitaswing.de/gesund/ph-milieu/katholyt.htm)

Im ionisierten sauren Anolytwasser fanden sie ein Mittel, das **durch seine starke Oxidationswirkung** (durch Chlordioxid) ☞ **auch die schlimmsten Bakterien, Viren und Pilze bei Menschen, Tieren und**

Pflanzen (nebenwirkungsfrei) abtötet. Daher nannten sie es 'Wasser des Todes' (bzw. **Anolyt** oder 'saures Oxidwasser')

Aufgrund dieser antibiotischen, antimikrobiellen und giftneutralisierenden Eigenschaften eignet es sich auch zur ☞ **großflächigen Dekontamination nach bakteriologischen und chemischen Angriffen.** (http://www.vitaswing.de/gesund/ph-milieu/A-CDL.htm).

Daher wird diese Fähigkeit in jetziger Zeit wegen Bioterrorismus, Chemtrailsgiften etc. immer bedeutsamer.

Da viele Erkenntnisse von bedeutender militärischer oder großer wirtschaftlicher Nutzwirkung waren, verschwanden die meisten Forschungsergebnisse in Militär- und Firmen-Archiven. Viele Forschungsergebnisse - z.B. über den ☞ **beschleunigten Abbau von Radioaktivität durch ionisiertes Wasse**r - liegen bis heute nur in russischer Sprache vor.

Mehr zur Geschichte der Wasserionisierung: http://www.aqua-volta.de/quantomed/history_waterionizer.htm

Kombination stärkster Oxidanzien im Anolyt

Die Trennmembrane (Diaphragma) zwischen den beiden Wasserkammern des H_2-Wasserionisierers trennt bei Verwendung von Salz (Natriumchlorid) oder Magnesiumchlorid im Elektrolyewasser schon nach Beginn der Ionenwanderung das Chlor vom Natrium oder Magnesiumchlorid.

Bei der elektro-chemischen Reaktion entsteht in der Anodenkammer schon Sekunden nach dem Elektrolysebeginn **Chlordioxid (ClO_2), Sauerstoff (O_2), Wasserstoffperoxid (H_2O_2) und Ozon (O_3).** Jeder dieser Stoffe hat **stark oxidierende, entgiftende und stark desinfizierende, also keimtötende Eigenschaften bei anaerob, im sauren Milieu lebenden Mikroben.**

Das Zusammenwirken von 4 überaus stark oxidierenden Stoffe im Anolyt gilt als die **stärkste bekannte Oxidationskombination überhaupt!**

Ozon und Wasserstoffperoxid haben allerdings aufgrund der hohen Voltspannung so starke oxidierende Wirkungen, dass sie nicht nur alle Bakterien, sondern auch die eigenen Blutzellen angreifen können. Das ist bei Chlordioxid erfreulicherweise jedoch nicht der Fall.

Chlordioxid als Anolytbestandteil

Da die leichten, flüchtigen Gase Ozon, Wasserstoffperoxid und Sauerstoff aber sehr rasch aus dem Anolytwasser ausgasen, bleibt als wirkendes Oxidationsmittel überwiegend Chlordioxidlösung (CDL) im sauren Anolyt übrig.

Durch die Erkenntnisse und Erfahrungen von *Jim Humble* mit MMS und dessen Weiterentwicklung als CDL (Chlordioxidlösung) vor allem durch *Dr. Andreas Kalcker* und die Ärztevereinigung COMUSAV ist bekannt, dass in MMS und/oder CDL im Grunde nur das darin gebildete **Chlordioxid die eigentlichen vielfältigen Desinfektions- und Entgiftungswirkungen hervorruft**.

(Mehr über COMUSAV (https://www.comusav.com/)

Da ich mich viele Jahre mit den stark desinfizierenden und giftneutralisierenden Wirkungen des Anolytwassers ebenso wie mit MMS und CDL beschäftigt habe, fielen mir die Gemeinsamkeiten dieser Mittel auf.

Daher maß ich nun nicht nur wie früher die pH-Konzentration des Anolyt (s. Abbild), sondern mittels Chlordioxid-Messstreifen auch, ob und wie konzentriert Chlordioxid im Anolytwasser vorhanden ist.

Messreihen, die ich weiter unten (Anhang, Tabellen 01-05, S. 202-205) aufführe, zeigen, dass es klare Zusammenhänge zwischen tiefen pH-Konzentrationen und hohen Chlordioxid-Konzentrationen gibt.

Daraus schlussfolgere ich als chemischer Laie, dass wohl **auch im Anolyt der eigentliche Wirkfaktor für Desinfektion und Giftneutralisierung maßgeblich auf Chlordioxid zurückzuführen** sein dürfte.

Wie inzwischen sowohl für MMS, CDL als auch für Anolyt-Chlordioxid bewiesen wurde, ist Chlordioxid für die gesunden Zellen und für lebenswichtige Mikroben bei rechter Dosierung völlig unschädlich.

Anleitung zum H_2-Wasserionisierer Selbstbau

Vorab: Ich bin kein Ingenieur, Physiker, Chemiker, Techniker oder Handwerker. Noch nicht einmal ein besonders erfahrener und super-ausgerüsteter Bastler bin ich. Daher kenne ich die Probleme, die beim Selbstbau eines solchen Gerätes auftreten können und versuche, die einzelnen Schritte möglichst präzise so zu beschreiben, dass auch handwerklich wenig Erfahrene ein solches Gerät in zwei bis drei Stunden herstellen können.

Erforderliche Teile für den H_2-Wasserionisierer

Hier beschreibe ich einen H_2-Wasserionisierer, der aus zwei Behältern besteht: einem 1,3 (oder wahlweise 1,8) Liter fassenden Außenbehälter und einem 0,65 Liter fassenden Innenbehälter aus Haushaltsboxen. Die dafür nötigen Einzelteile und ihre teilweise schon erfolgte Anordnung sind aus dem Bild ersichtlich.

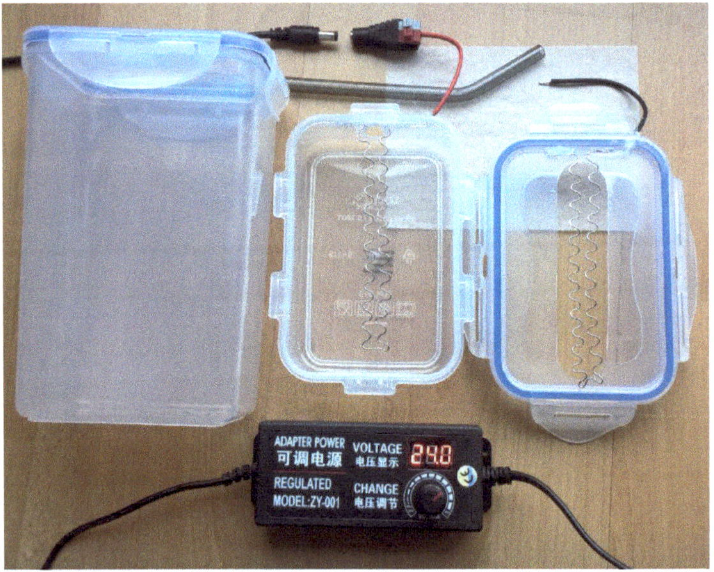

- 1 x 1,3 Liter-Lock&Lock-Box (HPL809). Preis ab 4,00 € (als Außenbehälter)
- Und/oder 1 x 1,8 Liter-Lock&Lock-Box (HPL813), Preis ab 4,50 €

- 1 x 0,36 Liter Lock&Lock-Box (HPL 810) für den inneren Behälter, Preis ab 2,75 €
- Lebensmittelechter V2A-Edelstahldraht, 0,8 mm Durchmesser (z.B. von www.bindedraht.com)
- 1 x roter Schrumpfschlauch, 1,6 mm Durchmesser (z.B. www.top-digitaltechnik.de, https://www.ebay.de/itm/1921565456622?hash=item2cbd6c327e:g:Ds8AAOSw0hxe-xUh)
- 1 x schwarzer Schrumpfschlauch, 1,6 mm Durchmesser (z.B. www.top-digital-technik.de)
- 1 x AC/DC-Netzgerät 9 bis 36 V, 2 A
- 1 x DC-Adapter, Buchse weiblich, 5,5 x 2,1 mm (je nach AC/DC-Adapterstecker) ab 2.- €
- 1 x Backpapier 11x15 cm, braun oder weiß
- 1 x Trinkhalm aus Glas oder Kunststoff

Die **Kosten** für diese Teile variieren je nach Bezugsquelle zwischen 25 und 35 €uro.

Der **Zeitaufwand für den Bau** beträgt ca. 2-3 Stunden.

Materialunbedenklichkeit

Die insgesamt nur 3 Baubestandteile, mit denen das Elektrolyse-Trinkwasser in Kontakt kommt, bestehen aus lebensmittelgeeigneten **V2A-Edelstahl-Drahtelektroden**, 2 **BPA-freien Boxen** und **Backpapier**. Alle Teile werden auch sonst im Alltag im Lebensmittel- und Gesundheitsbereich verwendet, weil sie als gesundheitlich unbedenklich zugelassen und daher gebräuchlich sind.

(s. BPA: http://www.bfr.bund.de/de/fragen_und_antworten_zu_bisphenol_a_in_verbrauchernahen_produkten-7195.html)

Werkzeuge zum Bau aller H₂-Wasserionisierer

Die benötigten Werkzeuge sind meist in einem Haushalt schon vorhanden oder wahrscheinlich beim Nachbarn für wenige Stunden ausleihbar:

Erforderliche Werkzeuge

- Bohrmaschine

- Stichsäge, Sägeblatt für Plastik oder Metall (kleinste Zahnung)

- Lochfräser (28 mm) oder 10 mm-Bohrer zum Ausschneiden der Wassereinlass-Öffnung im 360 ml-Behälter

- glatte Metallstange (hohle 3 mm Messingstange aus Baumarkt) zum Wickeln von Spiralelektroden

- Schraubstock oder Hammer (zum Wickeln und Plätten der Elektrode)

- Schere zum Zuschneiden der Membrane

- Bohrer 2, 6 und 10 mm

- Spitzrundzange zur Formung der Elektroden

- Messer (Hakenklinge, Teppichmesser oder sonstiges Messer) zum Entgraten des Deckelausschnittes

- Zollstock für Ausschnitt-Messung

- Heißkleber oder Sekundenkleber

Mittenausschnitt mit Stichsäge und Stufenbohrer

In der Mitte des Deckels wird ein Ausschnitt mit ca. 2,0 bis 2.5 cm Breite gemacht. 17 mm unterhalb des oberen Innenrandes wird in der Mitte zunächst mit einem 4mm-Spitzbohrer ein Loch vorgebohrt, ebenso wird von unten oberhalb des Innenrandes im Abstand von 13 mm ein Loch vorgebohrt. In diese Löcher wird dann entweder mit dem 25-mm-Fräsbohrer (oder einem Stufenbohrer mit 2,4 cm Durchmesser) am oberen Deckelrand ein Ausschnitt gemacht, dann unten am Deckelrand. Zwischen dem Rand des Deckels oben und dem Außenrand des Loches sollte ein Zwischenraum von ca. 0,5 cm verbleiben, damit auf diesem Zwischenraum die Elektrode festgeklebt werden kann. Unten kann das Bohrloch bis direkt an den Deckelrand gehen.

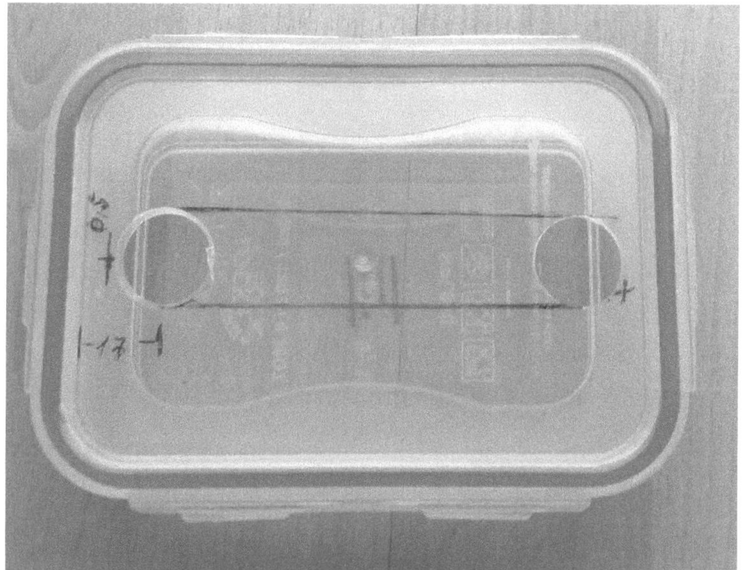

Danach wird die Strecke zwischen beiden Löchern mit einer Stichsäge ausgesägt. Für ein Messer ist der Kunststoff des Deckels zum Ausschneiden zu dick.

Anschließend sollten noch die Randgrate des ausgesägten Teiles mit einem (Haken)Messer entfernt werden.

Bohrung für Elektrodendurchführungen am Deckel

Durch die obere Deckelrandwulst wird ca. 0,8 bis 1,0 cm rechts neben der oberen Lasche ein Loch mit einem 2 mm-Bohrer im Winkel von 45 Grad von außen oberhalb der blauen Innendichtung durch den Wulst gebohrt.

Den Bohrer zunächst so ansetzen, dass er im Winkel von 90 Grad anbohrt. Setzt man ihn schräg an, rutscht er vom Gehäuse ab. Hat der Bohrer gegriffen, dann die Richtung so ändern, dass er in ca. 45 Grad durch den Randwulst geht und direkt oberhalb der Dosenfläche herauskommt. Dort wird später der Draht der Kathode durchgeführt und mit Heißkleber oder Sekundenkleber festgeklebt.

Bohrung für Elektrodendurchführung im Gehäuseunterteil

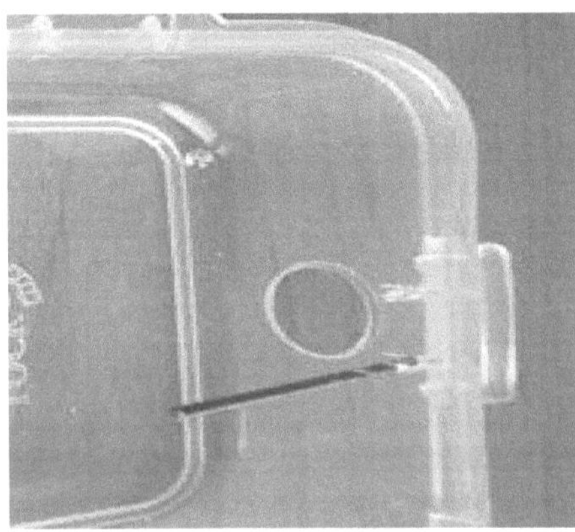

Am Dosenunterteil befinden sich am Außenrand der Oberseite im Mittelteil zwei Stege. Vom Inneren der Dose werden diese zwei Stege mit einem 2 mm-Bohrer angebohrt und die Reste der Stege mit einem Messer weggeschnitten. Durch diese Löcher werden später die Enden der Drahtelektroden durchgesteckt und mit Kleber fixiert.

Öffnungen für Wasserein- und -Auslass und Pluselektrode

Mit einem 16 mm Spiralbohrer wird eine Öffnung für den Wassereinlass und Wasserauslass auf der oberen Schmalseite gemacht. Die Bohrmarkierung befindet sich 15 mm unterhalb des unteren Dosenrandes. (s. übernächstes Foto)

Loch durch Rand des Dosenunterteils

Wo am Dosenrand die Rundung beginnt, wird ebenfalls mit einem 1,5 oder 2 mm Bohrer ein Loch gebohrt.

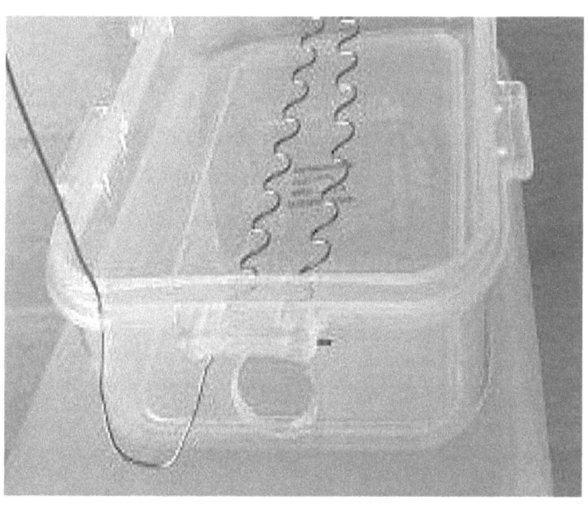

Später wird durch diese Öffnung das lange Ende der (+) Elektrode von unten gesteckt. Dies gibt dem Draht einen besseren Halt gegen Verdrehungen der fertigen Elektrode im Dosenunterteil.

V2A-Edelstahldraht zu Spiralen formen

Für Lebensmittel geeigneter **V2A-Edelstahldraht 0,8 mm** ist für H_2-Wasserionisierer m.E. das geeignetste Elektrodenmaterial.

Es werden insgesamt 53 cm Draht benötigt. 13 cm bleiben gerade, 10 cm werden in den Hohlstab gesteckt und um 180 Grad umgebogen. Dann wird der Hohlstab bis zum Anschlag ins Bohrfutter der Bohrmaschine gesteckt.

Während die eine Hand die Bohrmaschine hält, wickelt die andere Hand den Draht um den hohlen Messingstab, bis nur noch 1-1,5 cm übrigbleibt. Pro Spiralwindung benötigt man 15,55 mm Draht.

Wer rascher, bequemer und präziser wickeln will, macht in ein Brettchen ein 4mm-Loch und schräg darüber ein 2-3 mm-Loch.

Dann spannt man dieses Brettchen in den Schraubstock, steckt zuerst den Draht durch das kleine Loch und danach den Messingstab durchs 4 mm-Loch. Eine Hand bedient dann die Bohrmaschine, die andere Hand hält den Draht hinter dem Brettchen in leichter Spannung, während der Draht durch die Bohrmaschine aufgewickelt wird.

Danach wird der Messingstab aus der Bohrmaschine entfernt und die enge Spirale aus dem Hohlstab gezogen.

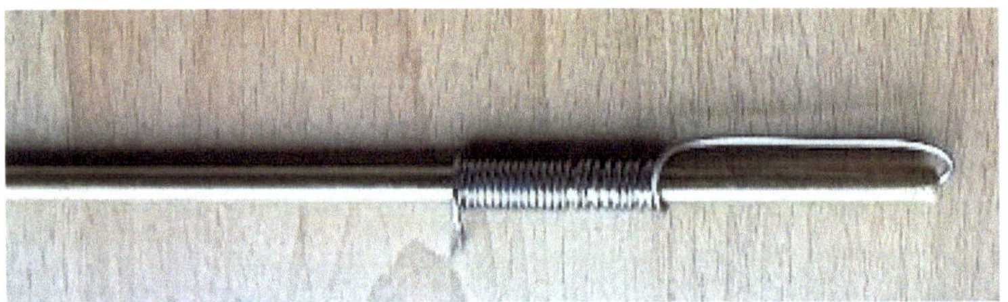

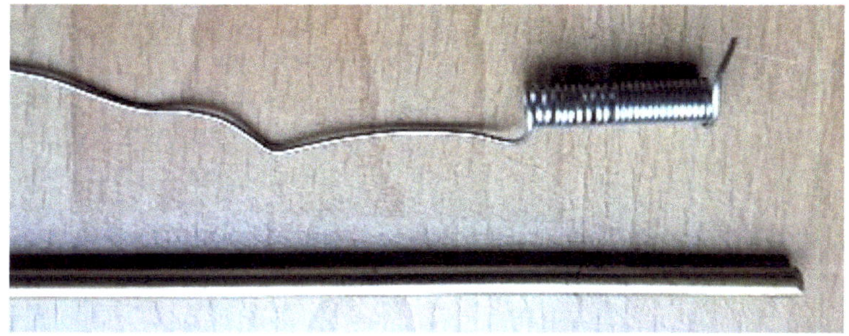

Jener Drahtteil, der im Hohlstab war, wird mit einem Finger oder Zange herausgezogen und Knicke mit der Spitzzange gerade gemacht.

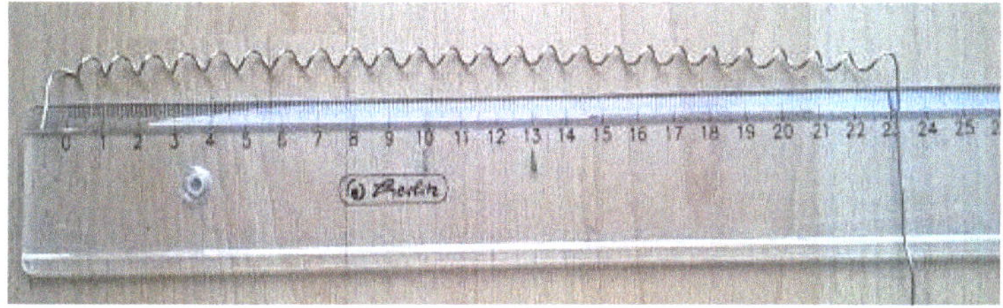

Danach wird die enge Spirale auf 23 cm auseinandergezogen. Die geraden Endstücke sollen dann in die gleiche Richtung im Winkel von 90 Grad umgebogen werden.

Die gedehnte Spirale wird nun im Schraubstock zusammengequetscht.

Um die 23 cm lange Spirale platt zu bekommen, muss man 2 oder 3 mal diese Quetschprozedur durchführen. Wo die Wellenlinien danach nicht ganz gleichmäßig sind, können sie mittels Spitzzange gleichmäßig gemacht werden.

Bei der Quetschung im Schraubstock verlängert sich der nun wellen-
linienförmige Draht um 1-2 cm. Letztlich soll er genau 25 cm lang sein,
und die geraden Drahtenden in die gleiche Richtung gebogen sein.

Fasst man nun die gebogenen Endstücke mit den Fingern so zusammen,
dass sie auf gleicher Höhe sind, und drückt man dann mit der anderen
Hand die Wellenform zusammen, ist der Draht nun genau an jeder Seite
12.5 cm lang. Die Knickstelle kann nun mit der Spitzzange glattge-
macht werden. Dann ist sie noch 12 cm lang.

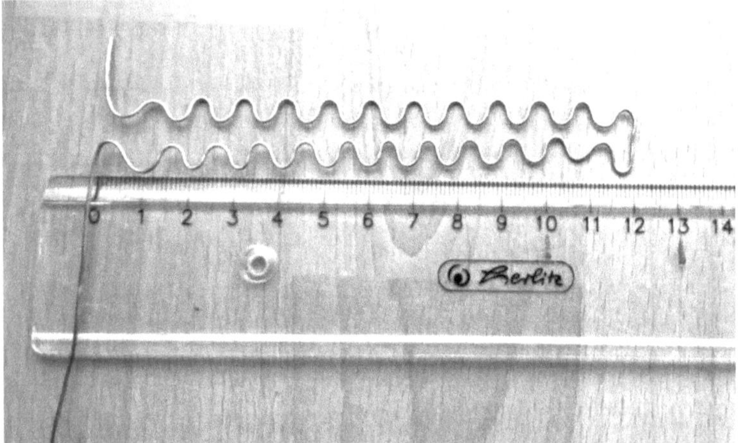

Danach wird der gerade lange Draht am oberen Ende im Winkel von 90
Grad nach rechts umgebogen, und am Unterteil des Deckelrandes ent-
langgeführt und nach 2 cm durch die Bohrung im Wulst durchgesteckt.

Falls keine Bohrung vorgenommen wurde, kann die Elektrode auch auf
den Wulst geklebt werden.

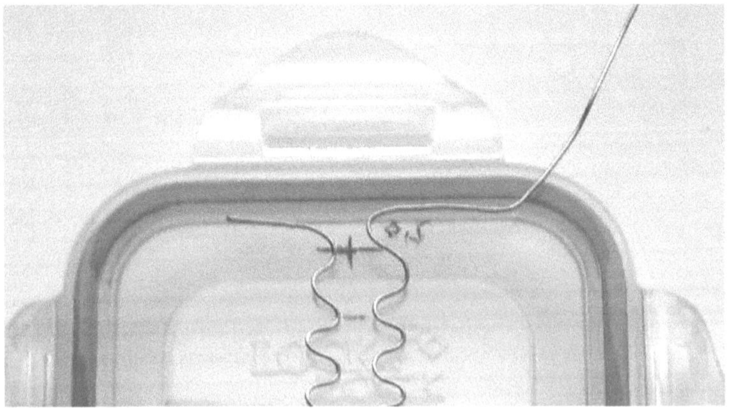

Nun können die beiden Drahtenden mittels Heißkleber oder Sekundenkleber festgeklebt werden, damit die Elektrode einen guten Halt hat und
sich nicht verschieben kann.

Verwendet man Heißkleber, wird er innerhalb weniger Sekunden fest,
wenn man den Deckel mit dem gebogenen Draht in einen größeren Behälter mit kaltem Wasser taucht. Dabei aber darauf achten, dass die Finger den Draht so gut festhalten, dass er nicht verrutscht! Am besten
klebt man erst den rechten Teil und dann den kleineren linken Teil des
Drahtes ans Gehäuse. Draht und Behälter sollten mit einem Tuch abgetrocknet werden, bevor man die nächste Klebung vornimmt.

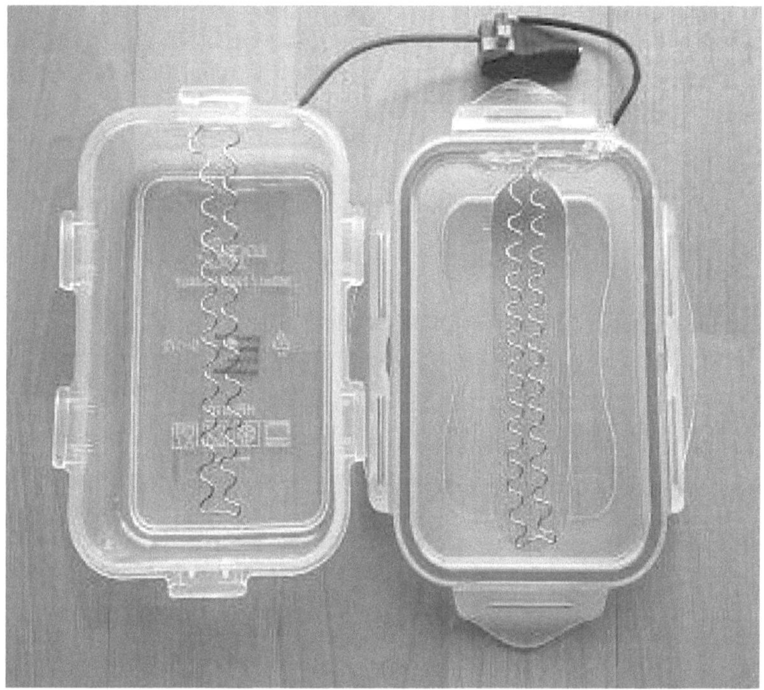

Dann verfährt man ebenso mit dem Unterteil der 360 ml-Dose. Die beiden geraden Drahtenden werden durch die kleinen Bohrlöcher gesteckt,
im Winkel von 90 Grad jeweils nach außen umgebogen und dann wieder je einzeln festgeklebt.

Nun werden beide geraden Drahtenden auf gleiche Länge abgezwickt.

Verschiedenfarbige Schrumpfschläuche überziehen

Auf das ca. 10 cm lange Plus-Elektroden-Anfangsstück aus dem **Gehäuseunterteil** wird ein passendes rotes Schrumpfschlauchstück als Isolator aufgeschoben. Die rote Farbe weist drauf hin, dass durch diese Drahtelektrode der Gleichstrom geleitet wird, er also die (+)Anode darstellt. (siehe voriges Bild) Auf das ebenfalls ca. 10 cm lange Minus-Elektroden-Anfangsstück aus dem **Deckel** wird ein passendes schwarzes Schrumpfschlauchstück mit 1,6 mm Durchmesser als Isolator aufgeschoben. Die schwarze Farbe weist drauf hin, dass diese Drahtelektrode die nicht-stromführende Kathode ist. (siehe voriges Bild) Die Schrumpfschlauchstücke sollen so bemessen werden, dass am jeweiligen Ende noch 0,5 bis 0,8 cm Draht unisoliert bleiben. Dort wird die DC-Buchsenkupplung angebracht.

Die beiden Schrumpfschläuche müssen nicht durch Erhitzen eingeschrumpft werden. Das geschieht von selbst, wenn sich die Drähte bei Betrieb erhitzen.

DC-Steckverbinderbuchse anbringen

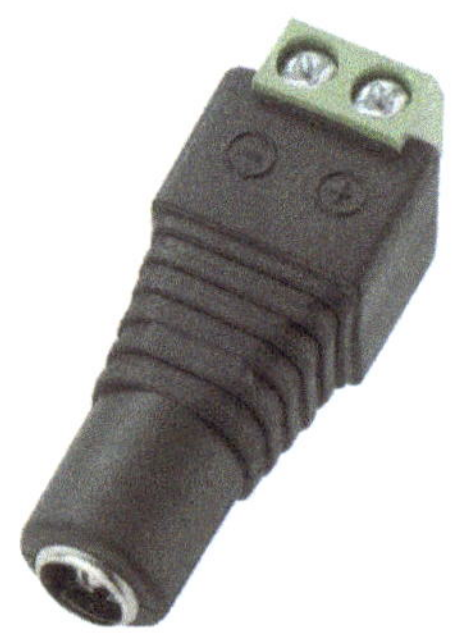

Das (im Betrieb stromführende, rot isolierte) blanke Elektrodenende nun am Niedervolt-DC-Hohlstecker an der (+) Klemme, das schwarze blanke Elektrodenende an der (-) Klemme einstecken und festschrauben.

Eine DC-Hohlbuchse (= 'DC Hohlstecker') 5,5x2,1 mm (weibl.) ist nötig, um die beiden Drahtelektroden mit dem Stecker des stromzuführenden DC-Gerätes verbinden zu können.

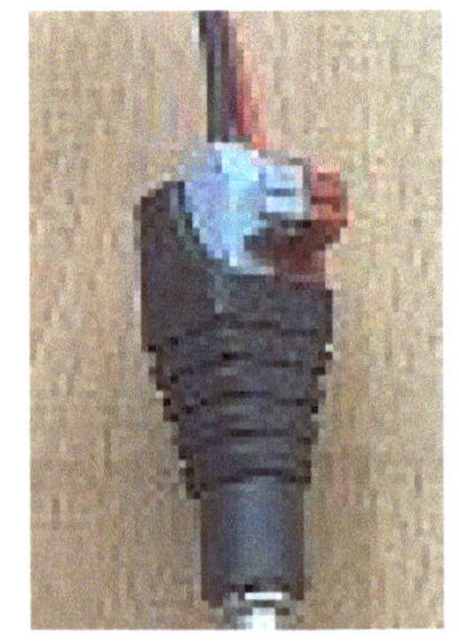

DC-Hohlstecker mit Klemm/Druckvorrichtung sind praktischer, vor allem, wenn man beim Membranenwechsel einen Draht lösen will, um den Deckel abzunehmen.

An den Farben am Kupplungs-Oberteil ist ersichtlich, welches die + und - Pole sind, in die die Drähte einzustecken und festzuklemmen sind.

Am DC-Hohlstecker wird das Netzteil angeschlossen.

Preis für DC-Hohlstecker: variiert je nach Anbieter sehr, ab ca. 2 €

Membrane zwischen Deckel und Unterteil einklemmen

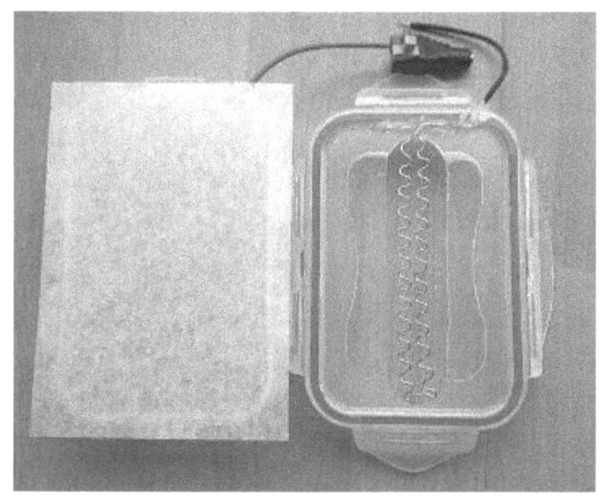

Backpapier (Membrane = Diaphragma) 10,7 x15,5 cm ausschneiden.

Die Membrane auf den Behälter-Unterteil auflegen und den Deckel darüber mit den 2 seitlichen und der unteren Lasche festklemmen. Dies klemmt die Membrane fest ein.

☞ Wird zwischen Deckel und Unterteil keine Membrane eingespannt, kann auch keine Trennung der basischen und sauren Ionen des Wassers erfolgen!

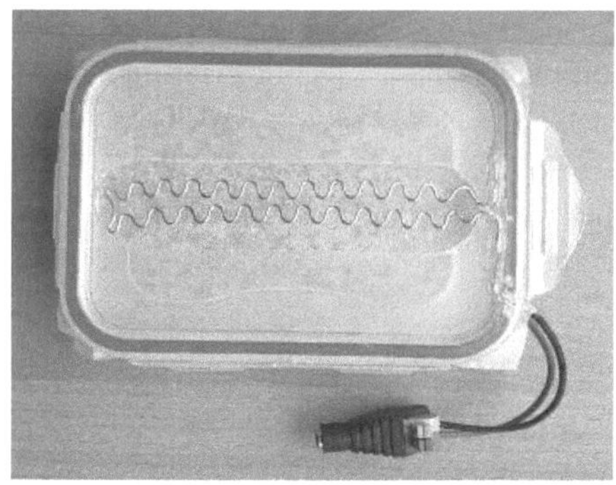

Beim Schließen des Deckels die obere Lasche nicht zumachen, damit man sie als Griff nutzen kann, wenn man die kleinere Kammer herausheben will.

☞ Darauf achten, dass **keine Elektrode in Berührung mit der Membrane** kommt, denn die Hitze der stromleitenden Anode kann die Membrane zunächst braun ansengen und letztlich auch durchbrennen! Sobald sie Wasser durchlässt, muss sie ersetzt werden.

Zwar hält eine solche Membrane nur für ca. 10-15 Ionisierungen, aber sie kann leicht und rasch gewechselt werden und kostet ja nur ca. 1 Cent.

Beidseitig beschichtetes **Backpapier** (oder Pergamentersatzpapier) eignet sich gut als **Ionentrenn-Membrane (Diaphragma).**

Gleichzeitig Katholyt, Wasserstoffgas und Anolyt-Chlordioxidlösung erzeugen

- Ab dem Einschaltmoment beginnt der Strom durch das Wasser zu fließen. Es beginnt die Wanderung der basischen und sauren Mineralionen durch die Trennmembrane in jeweils eine Kammer.

- In der kleineren inneren Kammer mit der (+) Elektrode sammeln sich die sauren Ionen und erzeugen saure Anolyt-Chlordioxidlösung (A-CDL), in der äußeren Kammer mit der (-)Elektrode sammeln sich die basischen Ionen aus dem Wasser und erzeugen Katholyt mit dem molekularen Wasserstoffgas (H_2), das als feine weiße Nebelwolke an der Elektrode sehr rasch hochsteigt.

- ☞ Mittels eines **Trinkhalms**, - der, falls mit verschlossenem Deckel ionisiert wird, durch eine kleine Bohrung im Deckel gesteckt wird -, kann man nun dort, wo die meisten Wasserstoffgasbläschen aufsteigen, das Wasser mit den H_2-Minibläschen absaugen und trinken.

Ohne Deckel ist das Abtrinken leichter, bequemer und dennoch ebenso sicher. Das Absaugen und sofortige Trinken garantiert ein sehr hohe H_2-Wasserstoffgasaufnahme (über die sonstige Sättigungsgrenze von Wasserstoffgas in Wasser von 1,5 mg/L) in den Körper.

Wasserstoffgas ist der therapeutisch wirksamste Bestandteil des basischen H_2-Aktiv-Wassers (Katholyt).

(Mehr über Wasserstoffgas: S. http://www.vitaswing.de/gesund/ph-milieu/Wasserstoffgas.htm)

Entkalken der Minus-Elektrode

Wie z.B. bei Wasserkochern, Kochtöpfen etc. lagern sich an der Kathode und am Innenraum der äußeren Kammer je nach Wasserhärte und Wassertemperatur mehr oder weniger rasch Kalk-, Magnesium- und andere basische Mineralreste ab.

☞ Die Elektroden und der Außenbehälter sollten daher immer wieder entkalkt werden!

Wenn dem Wasser zur stärkeren Bildung von Wasserstoffgas z.B. Magnesiumchlorid oder andere basische Mineralien beigefügt werden, lagern sich Ausfällungen davon besonders rasch ab. Dies verringert die Wasserstoffgasbildung deutlich. Daher sollte eine **'Entkalkung' erfolgen, sobald die Leistung des Wasserionisierers nachlässt** bzw. deutliche **weiße Ablagerungen auf der Elektrode** sichtbar werden.

Die Belagentfernung kann leicht und rasch folgendermaßen vorgenommen werden.

- indem man die (+) und (-)Pole der Elektroden in der DC-Buchse umtauscht und einen Elektrolysedurchgang mit 1-2 g Salz ins Elektrolysewasser vornimmt. Durch den Polwechsel erfolgt die Reinigung von Elektrode und Kammer effektiv innerhalb weniger Minuten. ☞ Nach der Entkalkung nicht vergessen, die Pole in der DC-Buchse wieder umzutauschen!

- oder indem man das **saure Anolyt-Chlordioxid (A-CDL)** in einem Behälter sammelt und es bei Bedarf als Entkalkungsmittel benutzt. Hat man soviel saures Wasser gesammelt, dass es den ganzen inneren Behälter deckt, reinigt es zugleich den Außenbehälter und die Minus-Elektrode.

- oder indem man mit gelöster **Zitronensäure** oder mit **Essigsäure** entkalkt.

Nach der Entkalkung sollte man Gefäße und Elektrode mit Leitungswasser spülen.

Vorteile gegenüber kommerziellen Wasserionisierern

- Alle Teile, die mit dem Trinkwasser in Kontakt kommen, sind lebensmittelecht.

- Darüber hinaus ist der H_2-Wasserionisierer einfach, rasch und unvergleichlich preiswert herzustellen, zu betreiben und zu pflegen. Unterhaltskosten gibt es kaum.

- Durch seine offene, flexible Bauweise und die Möglichkeit, Mineralien zumischen zu können, kann der H_2-Wasserionisierer die H_2- und pH-Konzentration nahezu aller kommerziellen Wasserionisierer und HRW-Geräte übertreffen, weil diese bisher entweder nur für die Erzeugung von Wasserstoffgas oder speziell für basische und saure pH-Werten konstruiert sind!

☞ Vergleiche mit professionellen Leveluk-Wasserionisierern:

http://www.vitaswing.de/gesund/ph-milieu/vergleiche-mit-leveluk.htm

Mögliche Störungen und ihre Ursachen

Aufgrund seiner einfachen, robusten Bauweise ist ein H_2-Wasserionisierer an sich wenig störanfällig und die Störungen sind leicht selbst zu beheben. Wenn kein Strom durchs Wasser fließt und die Elektrolyse nicht funktioniert, ist eventuell

- eine Elektrode nicht richtig in der DC-Zwischenbuchse befestigt (häufigste Ursache).
- die DC-Zwischenbuchse defekt. (kann bei hohen Spannungen und langer Elektrolysedauer geschehen, daher Reserveteil vorrätig haben!)
- das Netzgerät defekt.
- die (+)Elektrode (Anode) durchgerostet oder gebrochen (passiert, wenn extreme pH-Konzentrationen häufig hergestellt werden)
- das Elektrolysewasser zu mineralarm.

Die evtl. nötigen Austauschteile sind preiswert und leicht zu beziehen. Am eigentlichen H_2-Wasserionisiererteil liegt es selten, es sei denn, die Anode ist gebrochen bzw. durchgerostet oder völlig verbraucht. Dann muss sie ersetzt werden.

Geeignete Gleichstromquellen

Ein H_2-Wasserionisierer benötigt nur sehr wenig Strom und **☞ kann mit sehr verschiedenen Gleichstromquellen betrieben** werden.

Ab 9 Volt sind zufriedenstellende, ab 24 Volt sehr rasche Elektrolysevorgänge möglich.

Bild links: Netzstrom kann durch einen **AC-DC-Umwandler** von 110/220/230 Volt AC auf 9-24 oder sogar 36 Vol DC umgewandelt werden.

Meist ist eine **DC-Hohlbuchse** (5,5x2,1 mm) zum Anschluss zwischen Wasserionisierer und Umwandler erforderlich.

☞ Völlig **autark von Netzstrom** kann er auch durch (Auto)Batterien, wiederaufladbare Akkus, 10-20W-Solarpanele oder kleine Windräder betrieben werden.

Bild rechts: mobile Stromversorgung durch Autostarthilfe-Powerbank mit 12, 16 und 19 Volt DC. (revolt Auto Starthilfe: NotebookPowerbank mit Kfz-Starthilfe & 2x USB, 12.000 mAh / 400 A, ca. 87 € (https://www.pearl.de/a-PX8830-1420.shtml?query=notebook+powerbanks)

Geeignetes Wasser für Elektrolyse

Verschiedene Wasserarten sind als Elektrolysewasser geeignet

- **Sauberes, evtl. gefiltertes Wasser oder Mineralwasser**. Je mehr basische und saure Mineralien darin enthalten sind, desto rascher erfolgt bei der Elektrolyse die Trennung der basischen und sauren Ionen in verschiedene Wasserkammern. Für die meisten Zwecke kann reines (Leitungs- oder Quell)Wasser als Elektrolysewasser verwendet werden.

- **Destilliertes, entmineralisiertes Wasser oder Umkehrosmosewasser** ist sinnvoll bzw. erforderlich, wenn kein reines oder gut gefiltertes (Leitungs- oder Quell)Wasser zur Verfügung steht. Es muss für die Elektrolyse in jedem Fall remineralisiert werden.

Für die Remineralisierung für Elektrolysewasser hat sich bei mir bewährt:

1. **Magnesiumchlorid**: Es ist für innere Anwendungen angebracht, wenn man

   o im ionisierten basischen Wasser (Katholyt) vor allem die Nutzwirkungen des Magnesiums haben möchte (s. http://www.vitaswing.de/gesund/magnesium/magnesiumchlorid.htm)

   o Im sauren Anolytwasser rasch eine weitgehend reine Chlordioxidkonzentration für innere und äußere Anwendungen erreichen möchte.

2. **Naturbelassenes Meersalz bzw. Kristallsalz**: wenn man

   o Im ionisierten basischen Wasser (Katholyt) alle elementaren basischen Mineralien und Spurenelemente konzentriert für innere und äußere Anwendungen haben möchte.

   o Im ionisierten sauren Wasser (Anolyt) rasch die oxidativen Gase Chlordioxid, Sauerstoff, Wasserstoffperoxid und Ozon herstellen möchte.

3. **Zusatzfreies Siedesalz, Kochsalz** (pures Natriumchlorid, NaCl): wenn man

   o Im ionisierten basischen Wasser (Katholyt) nur basisches Natrium konzentriert (z.B. für äußere Reinigungs- und Desinfektionszwecke) haben möchte.

   o Im ionisierten sauren Wasser (Anolyt) rasch das oxidative Gas Chlordioxid für vorwiegend äußere Desifektionszwecke herstellen möchte.

Günde für gezielte Mineralienzufuhr ins Elektrolysewasser

Zwei Vortests zum Einstand

Welche Bedeutung dem Mineralgehalt von Wasser bei einer Elektrolyse zukommt, zeigen zwei einfache Tests.

Verwenden Sie **für den ersten Elektrolyse-Versuch einfach normales Leitungswasser**. Schalten Sie die Stromquelle ein und beobachten sie - evtl. mit Hilfe einer Taschenlampe, - ob an der (-)Elektrode (Kathode) im Außenbehälter kleine Bläschen hochsteigen.

- **Sofern Ihr Leitungswasser viele Mineralien enthalten sollte**, können Sie sehen, wie Minibläschen rasch an der Elektrode hochperlen. Nach einigen Minuten steigt aus dem kleinen Innenbehälter evtl. leichter Chlorgeruch in Ihre Nase. Spätestens dann wissen Sie, dass das Gerät funktioniert. Das basische und das sauer Wasser schmecken schon bald deutlich verschieden.

- **Enthält Ihr Leitungswasser aber wenig Mineralien**, kann es sein, dass Sie minutenlang kaum Minibläschen an der Kathode zu sehen bekommen. Selbst nach 8-10 Minuten unterscheiden sich die Wasserarten noch wenig und beide schmecken noch ziemlich unverändert. Das liegt dann nicht am Wasserionisierer, sondern am geringen Mineralgehalt des Wassers.

Dieser erste Test zeigt Ihnen also auch ohne Testgerät, ob Sie viel oder wenig Mineralien im Trinkwasser haben.

Der Vortest zeigt aber auch: Bei geringem Mineralgehalt im Wasser dauert die Trennung der basischen und sauren Bestandteile recht lange, denn die Drahtelektroden im H_2-Wasserionisierer sind (bewusst) sehr schmal. Sie sind nämlich speziell für rasche und hohe Wasserstoffabgabe an der schmalen (-)Elektrode konzipiert.

Ohne Mineralzusätze sind mit den schmalen Elektroden des H_2-Wasserionisierers also keine akzeptablen basischen und sauren pH-Veränderungen zu erzielen.

Nun zum zweiten Test mit Mineralienzugabe:

Lösen Sie 1-2 Gramm Salz (egal, welche Art) in ca. 5ml warmem Wasser auf und geben Sie es in 1 Liter Ihres Leitungswassers dazu. Füllen Sie damit beide Wasserkammern und schalten Sie den Strom wieder wie zuvor ein.

Obwohl Sie nicht viel Salz ins Wasser gegeben haben, werden Sie sehen, wie nun schon nach wenigen Sekunden unzählige kleinste Bläschen an der schmalen (-)Elektrode in der größeren Außenkammer hochperlen. Nach wenigen Minuten kann das Wasser im Außenbehälter im oberen Teil geradezu milchigweiß werden, weil nun Millionen H_2-Wasserstoffbläschen teils im Wasser verbleiben und das Wasser milchig erscheinen lassen, teils aber auch sofort an die Luft hochsteigen und darin aufgehen.

Es ist also unverkennbar, dass 🖝 im Wasser ausreichend basische und saure Mineralien sein müssen, damit sich aus dem Ausgangswasser durch Ionenwanderung durch die Trennmembrane basisches und saures Wasser bilden kann!

Nun zeigt sich aber auch der spezielle Nutzen der schmalen Elektroden:

An ihnen perlen die H_2-Wasserstoffgasbläschen konzentriert hoch und können oben an der Elektrode konzentriert mittels Trinkhalm (oder Spritze) abgesaugt, getrunken oder auch mittels einer 50- oder 100 ml-Spritze in eine Flasche umgefüllt werden.

🖝 Der H_2-Gehalt im basischen Wasser ist der wichtigste, gesundheitlich wirksamste Teil im basischen Wasser, wie ich später noch ausführlich begründen werde.

Ineffektivität von Elektrolysewasser ohne Mineralzusatz

Egal, ob Sie fürs Elektrolysewasser mineralhaltiges, sauberes Wasser aus der Leitung, aus einer Quelle oder einer Mineralwasserflasche benutzen, es lassen sich die darin enthaltenen basischen und sauren Teile durch die Elektrolyse in basisches und saures Wasser in zwei Kammern aufteilen. Aber ☞ wenn giftige basische oder saure Elemente im Elektrolysewasser enthalten sein sollten, dann sind letztlich auch sie im ionisierten basischen oder sauren Wasser enthalten!

Die jahrzehntelangen Erfahrungen mit Wasserionisierern legen zwar nahe, dass der Nutzen von sauberem, gut gefiltertem Trinkwasser als Elektrolysewasser erheblich größer auszufallen scheint als ein möglicher Schaden durch unerwünschte oder giftige basische oder saure Bestandteile. Aber wer will das schon rechtzeitig erkennen können?

Auf der sicheren Seite ist man jedoch, wenn man als Elektrolysewasser entweder entmineralisiertes Umkehrosmosewasser oder destilliertes Wasser verwendet – und dann gezielt eine Remineralisierung vornimmt.

Mineralienzufuhr für H$_2$-Wasserionisierer

Grundsätzlich bieten sich für eine Remineralisierung des entmineralisierten Elektrolysewassers mehrere Möglichkeiten an:

Mineralien

- die naturgemäß **basische und saure Bestandteile** enthalten: Das sind z.B. nicht raffinierte, naturbelassene Arten von Salz, Meersalz, Steinsalz etc.

- mit bestimmten Schwerpunkten, z.B. **Basenmischungen**, bei denen basische Bestandteile überwiegen, also z.B. Natrium, Calcium, Kalium, Magnesium etc..

- mit denen aufgrund chemischer Reaktionen bestimmte Ziele erlangt werden können, z.B. Erzeugung von H$_2$-Wasserstoffgaswasser oder eine reine Magnesium- oder eine Chlordioxidlösung (CDL). Dies kann z.B. durch **Magnesiumchlorid, Magnesiumcitrat oder Magnesiumsulfat** etc. geschehen.

Durch jede dieser Varianten lassen sich wohlschmeckende, vitalisierende, gesundheitsförderliche ionisierte Drinks herstellen, wie ich weiter unten schildere.

Vorteile von ionisierten Mineralien

☞ Es besteht ein beträchtlicher Unterschied, ob z.B. eine Basenmischung oder Salz lediglich in Wasser aufgelöst und getrunken wird oder ob sie durch Elektrolyse ionisiert und dann erst getrunken wird.

Mineralien in Trinkwässern müssen 'verstoffwechselt', d.h. unter Energieaufwand im Körper für ihre Nutzung umgewandelt werden. Viele Mineralstoffe können aufgrund ihrer Größe oder chemischen Beschaffenheit nicht in die Zellen eindringen.

Durch Elektrolyse im H_2-Wasserionisierer werden die ☞ Mineralien ionisiert und in der Anolyt- oder Katholyt-Kammer konzentriert.

Auch die ☞ Wassercluster werden kleiner und sind daher von Zellen besser aufnehmbar.

Einige Vorteile von elektrolytisch ionisierten Mineralien in Wasser:

- **Im ionisierten Zustand können sie rasch, leicht und ohne vorherigen Energieaufwand direkt über die Mundschleimhaut und die Darmschleimhäute in den Blutkreislauf, ins Lymphsystem und in jede Zelle gelangen.**

- Ein eventuell entstehender **Überschuss an basischen Mineralien kann für den späteren Bedarf im Körper als Puffer gespeichert** werden. Das verhindert z.B., dass bei Calcium- oder Magnesiummangel das nötige Calcium oder Magnesium aus Knochen und Haaren entnommen wird, um das Blut konstant bei einem pH-Wert von 7,35-7,45 halten zu können. (Mehr http://flexikon.doc-check.com/de/Puffer)

- Durch die Elektrolyse werden vom Gleichstrom auch die **Wassermoleküle und Mineralien energetisch aufgeladen** und **führen dem Körper Energie zu.** Die **Spannung der Zellen** kann leichter wieder aufs Normalniveau (ca. -80 mV) steigen und **jede Zelle kann ihre Aufgaben wieder besser erledigen.**

- Alle **elektrolytischen Vorgänge im Körper** funktionieren besser, leichter und rascher, wenn ausreichend ionisiertes Wasser, Mineralien und Energie zugeführt werden.

- Aufgrund der Energieanreicherung und Ionisierung der im Wasser vorhandenen Mineralien empfindet man das **Wasser beim Trinken als 'weicher, süffiger und energiereicher'**, weshalb man davon meist mehr trinken kann und will, als es bei nicht-ionisiertem Wasser der Fall ist. Das ist vor allem für ältere oder solche Personen vorteilhaft, die sonst zu wenig trinken.

- Durch die Ionisierung werden die **Zellen bis zu 6-mal besser mit Wasser und wichtigen Nährstoffen** (z.B. Magnesium) **versorgt**, als dies mit nichtionisiertem Leitungs- oder Mineralwasser möglich ist.

- ☞ Das Trinken von magnesiumreichem Basenwasser (Katholyt) dürfte die wohl effizienteste, einfachste, rascheste und eine überaus preisgünstige Methode sein, um unseren Körper mit lebenswichtigen basischen Mineralien und Antioxidantien, vor allem auch mit Magnesium zu versorgen und Übersäuerung vorzubeugen bzw. sie zu beheben.

Bedeutung und Nutzen basischer Mineralien

Von besonderer Bedeutung sind basische Mineralien.

☞ Lebenskraft und Gesundheit bewegen sich immer im basischen Bereich. Basisches und alles, was Basen und Wasserstoffgas (H_2) bildet, ist sehr wichtig für unseren Organismus.

Das *„Basenpulver Melhorn"* enthält z.B. alle wichtigen basischen Mineralien in folgender 500 Gramm-Mischung: Natriumhydrogencarbonat 350 g, Calciumcitrat 25 g, Magnesiumcitrat 75 g, Kaliumhydrogencarbonat 50 g.

Durch die Zusammensetzung der Mineralien kann man also dafür sorgen, in welchem Mischungsverhältnis letztlich basisches und saures ionisiertes Wasser entsteht, wieviel H_2-Wasserstoffgas dabei gebildet wird und für welche Zwecke man es speziell nutzen will.

Experimentierfreudigen BesitzerInnen eines H_2-Wasserstoffionisierers stehen damit nahezu unbegrenzte Forschungsmöglichkeiten offen!

Idealforderungen an Mineralien zur Bildung von H_2 und Chlordioxid

Bis vor wenigen Jahren war man der Meinung, die Wirkungen von ionisiertem basischem und saurem Wasser (Katholyt und Anolyt) seien von der pH-Konzentration bzw. dem damit zusammenhängenden ORP-Wert (Oxidationsreduktionspotential) abhängig.

Mehr über ORP: https://aperainst.de/what-is-oxidation-reduction-potential-orp/

Reduktions - Oxidations- (Redox-) Potential

Wasserart	Redoxpotential	pH	Bedeutung
Leitungswasser	+300 bis +400 mV	ca. 7	geringes Oxidationspotential.
Basisches AktivWasser	-250 bis -700 mV	9-11	Starkes Reduktionspotential, enthält eine grosse Anzahl freier Elektronen, die an freie Radikale abgegeben werden können.
Saures OxidWasser	+700 bis +1.200mV	2-5	starkes Oxidationspotential, wirkt durch den Mangel an Elektronen oxidierend und sterilisierend.

Dementsprechend wurden die Wasserionisierer daraufhin konzipiert, möglichst schnell möglichst viel basisches und saures Wasser mit hohen und tiefen pH-Konzentrationen zu produzieren. Auch meine Wasserionisierer-Prototypen konzipierte ich jahrelang auf dieses Ziel hin.

Dass hohe und tiefe pH-Werte die eigentlichen Wirkfaktoren bei Gesundheitsanwendungen oder bei Desinfektionen seien, musste inzwischen anhand neuer Forschungserkenntnisse und Praxiserfahrungen revidiert werden.

- Seit 2007 ist durch das japanische Forscherteam um *Prof. Shigeo Ohta* bewiesen, dass ☞ im ionisierten basischen Wasser **H₂-Wasserstoffgas** die Hauptwirkung bei Gesundheitsanwendungen ausmacht, nicht die Höhe der basischen pH-Konzentration.

- Die Erkenntnisse der weltweiten MMS- und CDL-Anwendungen und Forschungen durch *Jim Humble, Dr. Andreas Kalcker* und die COMUSAV-Ärztegruppe belegen, dass ☞ **Chlordioxid** im ionisierten sauren Anolytwasser die entscheidenden Desinfektions- und Entgiftungswirkungen hervorruft, nicht ein tiefer pH-Wert.

Diese beiden neuen Erkenntnisse machten das bis dahin verfolgte Konstruktionskonzept der Wasserionisiererbranche weitgehend obsolet.

Der bis dahin hochrentablen Wasserionierindustrie drohen seitdem Milliardenumsatzrückgänge.

Auch für mich als Hobbyforscher war nun ein völliges Neukonstruieren unumgänglich geworden.

Es galt nun, herauszufinden, wie lassen sich durch spezifische ausgewählte Mineralienzusätze ins Elektrolysewasser möglichst viel

- molekulares H₂-Wasserstoffgas im basischen Wasser

- Chlordioxid im sauren Anolyt produzieren?

- Wie kann H₂-Wasserstoffgas in hoher Konzentration im basischen Wasser gebildet werden, ohne dass zugleich hohe pH-Werte entstehen, die das Wasser geschmacklich negativ beeinflussen?

Die letztlich gefundene Lösung für geeignete Mineralien besteht darin,

- entweder unraffiniertes, naturbelassenes **Meersalz** mit seinen vielen basischen und sauren Mineralien und Spurenelementen

- oder **Magnesiumchlorid** ($MgCl_2$) dem Elektrolysewasser beizufügen. Man kann auch beide Mineralien mischen. Beide Mineralienarten sind geradezu ideale H_2- und zugleich Chlordioxidproduzenten!

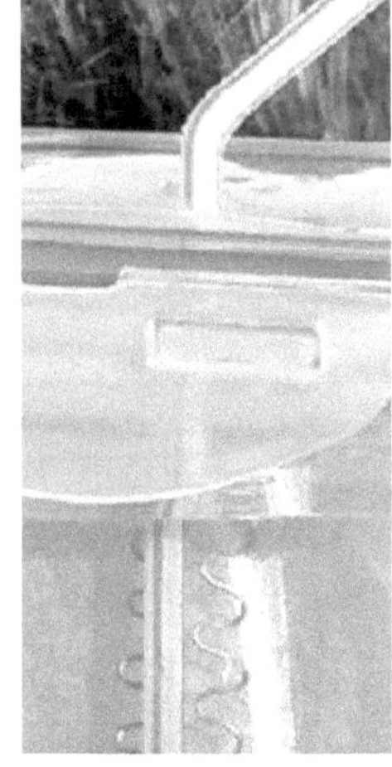

- Wenn statt den üblichen breitflächigen Elektroden, die das entstehende H_2-Wasserstoffgas breit-diffus hochperlen lassen, ☞ **möglichst schmale Drahtelektroden** verwendet werden, steigt die basische pH-Konzentration nur sehr langsam, das H_2-Gas perlt jedoch schon Sekunden nach dem Einschalten des Stromes kräftig direkt an der schmalen Elektrode hoch. Dort kann das molekulare H_2-Wasserstoffgas mittels Trinkhalm in konzentrierter Weise abgesaugt und abgetrunken werden.

Trinkt man dieses hochperlende H_2-Wasserstoffgaswasser innerhalb von 30 bis 120 Sekunden, ist der pH-Wert meist noch unter 9.5. Es schmeckt noch fast unverändert so wie bei Elektrolysebeginn.

☞ **Lebensmittelrechtlich wird es noch als ‚Trinkwasser' eingestuft,** selbst wenn es durch das H_2-Gas wie auch durch die Konzentration der basischen Mineralien schon unverkennbar andere biologisch-physiologische Wirkungen aufweist.

Durch geeignete Messgeräte lässt sich dies eindeutig beweisen.

Welche enorme Bedeutung die Kombination dieser Maßnahmen hat, ergibt sich aus der **Idealvorstellung eines prominenten Wasserstoffgas-Forschers**:

H_2-Wasserstoffgas-Forscher Dr. Hayashi äußerte die Überzeugung:
☞ *"Wenn wasserstoffreiches Wasser **einfach, zuverlässig und billig** erhältlich wird, denke ich, dass die Welt sich dramatisch verändern wird. Das meint, dass man über gute Gesundheit und Krankheitsvorbeugung nicht mehr länger als Spitzenthema zu diskutieren braucht, und die Menschen brauchen nicht länger mehr einen Schrecken vor Krankheit ("Es ist Krebs!" "Es ist Diabetes!" "Es ist Hay'sches Fieber!") zu haben, wie es gegenwärtig der Fall ist."*

(http://www.hydrogeninmywaterbottle.com/html/lecture.html)

☞ Diese Idealvorstellung, Wasserstoffgaswasser *„einfach, zuverlässig und billig" herstellen zu können,* erfüllt der H_2-Wasserionisierer seit der Verwendung einer schmalen (-)Elektrode und geeigneter Mineralbeimischung ins Elektrolysewasser in jedem Punkt!!

Darüberhinaus kann mit ihm das innerlich und äußerlich anwendbare **Anolyt-Chlordioxid (A-CDL) in jeder beliebigen Konzentration** (von 6.5 bis 1.5) hergestellt werden.

☞ Kein mir bekanntes kommerzielles Gerät vermag gleichzeitig diese bislang unvereinbar scheinenden Eigenschaften in solcher Vollendung zu lösen, wie dieser unscheinbar wirkende, einfache, robuste, zuverlässige, sichere und unvergleichlich preiswerte H_2-Wasserionisierer!

Er ist ein Himmelsgeschenk für aufgeschlossene Menschen!

Nachwort zum technischen Teil des Buches

Nun habe ich die technischen Aspekte des H_2-Wasserionisierers dargestellt und durfte auch eine gute Mineralienauswahl finden, mit der sowohl H_2-Wasserstoffgas, als auch ionisiertes basisches Aktivwasser (Katholyt) und saures Oxidwasser (Anolyt mit A-CDL) rasch und preiswert herzustellen sind.

Erfreut und dankbar kann ich konstatieren, dass der ☞ H_2-Wasserionisierer alle technischen Voraussetzungen zur Herstellung von H_2-Wasserstoffgas, ionisiertem basischem und saurem Wasser (Katholyt und Anolyt-Chlordioxid) ziemlich perfekt erfüllt.

Die entscheidenden technischen Durchbrüche wären freilich nicht möglich gewesen, wenn nicht parallel eine intensive Einarbeitung in die Wirk- und Anwendungsmöglichkeiten von H_2-Wasserstoffgas, ionisiertem basischem und saurem Wasser erfolgt wäre und ich diese Erkenntnisse nicht teilweise selbst experimentell nachvollzogen hätte.

Disclaimer zum nächsten Buchteil

Anhand verschiedener ionisierter, wasserstoffgasreicher basischer und saurer Drinks möchte ich einige Denkanregungen geben, wie man vitalisierende, stärkende, gesundheitsfördernde Getränke kostengünstig und rasch durch Elektrolyse von Mineralwässern selbst herstellen kann.

Zu jedem Getränk füge ich solche Forschungserkenntnisse hinzu, die zum H_2-Wasserstoffgas oder zu den jeweiligen Mineralien bekannt, mehr oder weniger gründlich erforscht und auch öffentlich einsehbar sind.

Ob die jeweiligen zitierten Wirkungen auch für das beschriebene Getränk zutreffen, kann ich als medizinischer Laie weder bestätigen noch widerlegen. Wer zu Experimenten bereit ist, kann selbst bei sich testen, was von den Forschungsergebnissen beim jeweiligen Getränk zutrifft oder nicht.

Garantie für Erfolge oder gar Gesundheits- und Heilungsversprechen kann ich nicht geben. Die Konsequenzen von eventuellen Misserfolgen kann nur Jede(r) für sich selbst übernehmen.

Ich wiederhole: Als medizinischer Laie führe ich lediglich Forschungserkenntnisse und Erfahrungsberichte an, die über H_2-Wasserstoffgas, ionisiertes basisches Wasser (Katholyt) und ionisiertes saures Anolyt-Chlordioxid in Büchern oder im Internet veröffentlicht worden sind. Was davon auch für die erwähnten Produkte des H_2-Wasserionisierers zutrifft, kann nur Jeder für sich selbst ausprobieren.

Ich habe dies für meine Person getan und bin damit bisher gut gefahren.

H₂-Wasserstoffgas herstellen und anwenden

Entwicklungsschritte zum H₂-Wasserionisierer

Erst 2007 wurde durch die japanische medizinische Forschergruppe um **Prof. Shigeo Ohta** bekannt, dass es molekulares H_2-Wasserstoffgas ist, das die physiologischen und gesundheitlichen Hauptwirkungen im ionisierten basischen Aktivwasser (Katholyt) bewirkt. (Mehr dazu http://www.molecularhydrogeninstitute.com/dr-shigeoohta-phd)

Nachdem ich die zentrale Bedeutung von H_2-Wasserstoffgas im basischen Aktivwasser erkannt hatte, musste ich mir Gedanken darüber machen, was bei meinen Wasserionisiererprototypen zu ändern ist, um möglichst viel H_2-Wasserstoffgas erzeugen zu können, ohne dass das basische Wasser so rasch so stark basisch wird, dass es kaum mehr genießbar ist.

Die Lösung erforderte mindestens zwei Neuansätze:

1. bei der Elektrodengestaltung
2. bei der Auswahl geeigneter Mineralien, die bei der chemischen Reaktion während der Elektrolyse einerseits viel H_2-Wasserstoffgas, andererseits viel saures Chlordioxid erzeugen sollten.

Da ich ausbildungsmäßig weder Techniker noch Chemiker bin, erforderte die Lösung dieser beiden Grundprobleme viel Zeit für die Einarbeitung, viele Inspirationsschritte und dann natürlich viele entsprechende Experimente.

Die **biologisch-chemische Lösung** fand ich in naturbelassenem **Meersalz** und in daraus hergestelltem **Magnesiumchlorid**. Sie bilden durch chemische Reaktionen im Elektrolysewasser sowohl viel H_2-Wasserstoffgas als auch viel Chlordioxidgas im sauren Anolyt. Beide Mittel sind leicht und preiswert beziehbar.

Die **technische Lösung** bestand letztlich darin, ganz schmale Drahtelektroden zu verwenden (siehe nächstes Bild), an denen sich das H_2-Wasserstoffgas bildet und von ganz unten nach oben immer konzentrierter hochperlt. Wenn man dann diese H_2-Nanobläschen mit einem Trinkhalm direkt unter der Wasseroberfläche absaugt und trinkt bzw. mit einer Spritze absaugt und in eine Flasche füllt, bekommt man eine ungewöhnlich hohe H_2-Konzentration.

Die H_2-Bläschen verteilen sich letztlich im ganzen äußeren Gefäß, bleiben auch teilweise über Stunden darin, ohne sich in nennenswertem Umfang mit dem Wasser zu verbinden, aber letztlich steigen sie alle an die Wasseroberfläche und gehen in der Umgebungsluft auf.

Wasser erreicht seine Vollsättigung mit H_2-Wasserstoff bei ca. 1,6 ppm. Höhere Konzentrationen an gelöstem Wasserstoff (2, 3 oder mehr ppm) sind nur unter Druck erreichbar. Sobald das Wasserstoffgas jedoch aus dem Druckbereich befreit wird, entweicht es großenteils sofort in die Umgebungsluft.

Eine **beträchtlich höhere Konzentration kann lediglich durch den H_2-Wasserionisierer erzielt** werden, weil das darin an der schmalen Elektrode entstehende und schnell hoch perlende Wasserstoffgas direkt durch einen Trinkhalm oder eine Aufziehspritze abgesaugt und getrunken oder gespeichert werden kann. (siehe Kurzvideo: http://www.vitaswing.de/gesund/ph-milieu/Video-H2Perlung-1Strang.mp4)

Eine solche H_2-Maximalkonzentrationslösung bietet sonst m.W. bisher kein kommerzieller Zweikammer-Wasserionisierer und die Mehrkammerwasserionisierer schon gar nicht. Ausschließlich beim H_2-Wassionisierer kann molekulares H_2-Wasserstoffgas direkt während seiner Entstehung an der Kathode mittels Trinkhalm abgesaugt und getrunken werden.

Daher nenne ich diesen Wasserionisierer zur Abgrenzung sonstiger Wasserionisierer H_2-Wasserionisierer.

Rasche, starke Gewebe- und Zelldurchdringung

Wasserstoffgas (H) ist in der Periodenreihe das erste, kleinste und leichteste Element. Es verbindet sich sehr rasch mit Wasser und wird dabei zu molekularem H_2-Wasserstoff.

Was beim H_2-Wasserionisierer abgesaugt und getrunken wird, ist molekulares H_2-Wasserstoffgas.

H_2-Wasserstoffgas durchflutet aufgrund seiner minimalen Größe (im Nanometerbereich) den ganzen Körper praktisch ungehindert. Lippen, Zunge, Gaumen, Zahnfleisch, Kehle sind die ersten Kontaktflächen im

Körper, in die das H_2-Wasserstoffgas beim Trinken eindringt. Von dort gelangt es sehr rasch ins Gehirn.

Bei vielen Menschen stelle sich bereits wenige Minuten nach dem Trinken eine größere Klarheit im Kopf ein, welche meist mit einem Gefühl der Erfrischung einhergehe.

Manche Anwender berichte auch von tranceartigen Empfindungen bei konzentrierter, rascher Aufnahme von H_2-Wasserstoffgaswasser.

Physikalisch erwähnte Wirkungen des H_2 durch Elektrolyse:

- Die Millionen oder Milliarden H_2-Nanobläschen (Nanobubbels) erzeugen im Wasser aufgrund der Elektrolyse **hohen Gasdruck**. Es kann daher extrem leicht in alle Zellen, Gewebe und Flüssigkeiten eindringen und dort seine **energetisierenden und antioxidativen Wirkungen** sehr rasch entfalten.

- H_2-Wasserstoffgas kann aufgrund seiner **extrem geringen Größe** und der **hohen Fettlöslichkeit leicht die Zellmembranen durchdringen**, in die subzellulären Teile der Mitochondrien (Zellkraftwerke), des Zellkerns und in andere Zellbestandteile, Gewebe und Organe eindringen, auch problemlos die Blut-Hirn-Schranke durchdringen und überall im Hirn wirken. Andere Antioxidantien und Nahrungsergänzungsmittel sind zu groß, um dort wirksam zu sein.

- Alle unsere energieproduzierenden Zellen mit ihren mitochondrialen Energiekraftwerken seien eigentlich in der Hauptsache darauf programmiert, Wasserstoff aus der Nahrung zu gewinnen.

- Das Wasser werde durch die Elektrolyse **energiereicher, erhalte kleinere Cluster und schmecke weicher.** Es könne dadurch leichter mehr Wasser getrunken und einer Dehydrierung besser vorgebeugt werden.

Auswirkung auf die Einnahmedosis

Durch Absaugen per Trinkröhrchen nimmt man ein Mehrfaches an molekularem H_2-Wasserstoffgas beim Trinken auf, als es sonst aus anderen Wasserionisierern möglich ist.

☞ Daher muss man nun auch **weniger basisches Wasser trinken, um dieselben physiologischen Effekte** wie bei 'normalen' kommerziellen Wasserionisierern oder auch bei Hydrogen-Rich-Water-Geräten (HRW) zu erzielen.

Nach meinen eigenen Erfahrungen mit Katholyt aus H_2-Wasserionisierern genügt aufgrund der Absaugung ungefähr 1/3 oder 1/4 jener Menge, die sonst für basisches Wasser bei Gesundheitsanwendungen empfohlen wird.

Aber auch bei H_2-angereichertem ionisierten basischen Wasser ist es empfehlenswert, ☞ **anfangs die tägliche Aufnahmemenge behutsam-langsam zu steigern**, um unangenehme Umstellungsreaktionen (Herxheimer-Reaktion) zu vermeiden.

☞ **Zuviel Katholyt könne nicht getrunken werden**, da der Körper evtl. überschüssige Basen leicht ausscheiden oder als Pufferreserve speichern könne. Schließlich entstehen beim Stoffwechsel ständig neue Säuren, die durch Basen neutralisiert werden müssten. (http://flexikon.doccheck.com/de/Puffersystem)

Elektrisch aktiviertes Wasser ist schon jahrzehntelang bekannt als **Elektrolytwasser, Kangenwasser, Aquionwasser bzw. ‚basisches Aktivwasser‘.**

Dieses ionisierte basische Wasser enthält immer auch etwas freien Wasserstoff.

Bisher nahm man an, dass Übersäuerung durch das Trinken von basischem Katholytwassers beseitigt werden könne. Es gibt aber in der Natur kein rein basisches Wasser. Tiere trinken nur leicht saures Oberflächenwasser. **Früher kam in der Atmosphäre mehr freier Wasserstoff vor**, wie unter einem Wasserfall, wo die Luft ionisiert wird und das Wasser mit freiem Wasserstoff anreichert. Das Optimum wäre also ein Wasser wie in der Heilquelle von Lourdes oder im Stollen von Nordernau, das nicht basisch, aber mit freiem Wasserstoff angereichert ist!

☞ Dieser Wasserstoff **dringt in die Zelle, entsäuert diese durch Bindung der freien Radikalen und bringt freie Elektronen und damit pure Energie in unseren Körper!**

Nach neusten wissenschaftlichen Erkenntnissen ist die H_2-**Wasserstoffkonzentration die entscheidende Größe für das antioxidative Potenzial des ionisierten Wassers.** Daher muss man Wasser nicht, wie bisher angenommen, unbedingt basisch machen, um die antioxidative und positive Wirkung des ionisierten Wassers für unsere Gesundheit zu nutzen.

Die **enorme und umfassende Bedeutung von molekularem Wasserstoffgas** wurde erst 2007 durch eine japanische Forschergruppe um Professor Shigeo Ohta bekannt. (Mehr http://www.molecularhydrogeninstitute.com/dr-shigeoohta-phd)

Schon durch geringe Beifügung von Meersalz oder Magnesiumchlorid ins Elektrolysewasser steigert sich die Produktion von Wasserstoffgas beträchtlich und sichtbar.

☞ Eine **schon nach wenigen Sekunden erfolgende konzentrierte Herstellung von molekularem Wasserstoffgas (H_2) ist der besondere und größte Nutzen des H_2-Wasserionisierers.** In diesem Punkt übertrifft er alle bisherigen kommerziellen Wasserionisierer und Hydrogen-rich-Water-Geräte (HRW).

H_2 im Aktivwasser-Drink stark konzentrieren

Wie schon erwähnt, wird H_2-Wasserstoffgaswasser durch naturbelassenes Meer- oder Steinsalz oder durch Magnesiumchlorid (oder sonstige Mineralien) im Elektrolysewasser an der schmalen Katholytelektrode hergestellt.

☞ Die höchste H_2-Konzentration ist immer zu erlangen, wenn man das hochsprudelnde H_2-Gas direkt innerhalb von 30 bis 120 Sekunden mit Trinkröhrchen absaugt und trinkt.

Der äußere Behälter fasst ca. 750 ml. Will man diese Menge nicht sofort trinken, kann man den Rest in eine Flasche abfüllen.

Will man aber kein H_2-Wasserstoffgaswasser direkt durch Trinkhalm zu sich nehmen, sondern sich lediglich einen möglichst wasserstoffgasreichen, **basischen Drink für späteren Tagesverbrauch** zubereiten, ☞ sollte man mittels einer 50 oder 100 ml Spritze mit stumpfer, langer Kanüle direkt an der Kathoden-Elektrode das hochperlende Wasserstoffgaswasser innerhalb von 2 Minuten absaugen und sofort in eine Glasflasche umfüllen. Sie sollte volumenmäßig dafür gerade noch ausreichen, damit wenig Restluft in der Flasche verbleibt.

Den abgefüllten, ionisierten Aktivwasser-Drink sollte man möglichst in den nächsten paar Stunden trinken, denn das überaus leichte Wasserstoffgas entschwindet schon zu ca. der Hälfte innerhalb von 3 Stunden in die Luft. Vom Wasserstoffgas hängt aber die Power aller erwähnten H_2-Aktivwasser-Drinks ab!

Was man im Tagesverlauf nicht trinkt, kann man beim nächsten Elektrolysegang wiederverwenden.

Mehr über **Wasserstoffgas** (H_2) weiter unten bzw. im Internet:
http://www.vitaswing.de/gesund/ph-milieu/wasserstoffgas.htm

Subjektive Wirk-Kennzeichen von H_2-Basenwasser

Wie schon erwähnt, lassen sich mit dem H_2-Wasserionisierer durch die Verwendung z.B. von naturbelassenem Meer/Steinsalz, von Basenmischungen oder Magnesiumchlorid im Elektrolysewasser verschiedene H_2-Powerdrinks in 2-3 Minuten herstellen.

Aufgrund des dabei entstehenden stark gesättigten H_2-Wasserstoffgaswassers sind bestimmte Effekte immer mitbeteiligt, egal welche Sonderwirkungen die jeweiligen Mineralbeigaben im Elektrolysewasser entfalten mögen.

Durch sorgfältige Eigenbeobachtungen können sich Veränderungen feststellen lassen, die höchstwahrscheinlich mit dem erhöhten H_2-Wasserstoffgehalt im jeweiligen Drink zusammenhängen.

Beobachten Sie daher folgende Aspekte:

- Können Sie mehr davon trinken?

- Fällt es Ihnen leichter, dieses basische H_2-Wasser zu trinken als sonstiges Wasser?

- Spüren Sie deutlicher ein **Durstgefühl** als bisher?

- Schmecken Ihnen die bisher verwendeten Getränke und (Mineral)-Wasser noch wie früher?

- Wie ändert sich nach einigen Tagen **Farbe und Geruch des Urins und Kotes**?

- Ändert sich Ihr **Appetit** und Ihre **Sättigungsgrenze**?

- Was geschieht mit der Lust auf **Süßigkeiten** oder auf **Salziges**?

- Was ändert sich hinsichtlich Ihres **Schlafbedürfnisses**? Ändert sich die Länge des nötigen Schlafes? In welchem Zustand wachen Sie auf?

- Riecht die **Luft in Ihrem Schlafzimmer** am Morgen anders als bisher?

- Wenn Sie gleich nach dem Aufstehen direkt an der Kathode H_2-Wasserstoffgas einsaugen, benötigen Sie noch die gleiche Menge **Kaffee**, um munter zu werden und rascher in die Gänge zu kommen?

- Ändert sich **kräftemäßig** etwas, wenn sie z.B. Treppen steigen oder Steigungen zu gehen oder längere Strecken zu laufen haben?

- Falls Sie nach Sport **Muskelkater** haben, wie rasch verschwindet er nun?

- Wie verändert sich Ihr **Blutdruck**?
- Ändert sich etwas an Ihrer **Haut**, vor allem an 'Problemzonen', z.B. bei Akne oder Schuppenflechte?
- Ändert sich etwas hinsichtlich **Ödemen**?
- Ändern sich Allergiereaktionen?
- Falls Sie irgendwo **Schmerzen** haben, verändert sich hieran etwas?
- Falls Sie irgendwo **Entzündungen** haben, verändert sich hieran etwas?
- Ändert sich Ihre **Gelenkbeweglichkeit**?
- Verändert sich das **Wachstum** Ihrer Finger- und Zehennägel oder auch Haare?
- Ändert sich an der **Stressbewältigungsfähigkeit** etwas?
- Ändert sich bei **Witterungsumschwung** etwas?
- Nehmen Sie (bei gleichbleibenden Essgewohnheiten) an **Gewicht** ab?
- Ändert sich an **Psyche und Stimmung** etwas?
- Ändert sich Ihre geistige Leistungsfähigkeit und Konzentration?

Positive Veränderungen in diesen Bereichen werden von vielen Anwendern auf das wasserstoffreiche, ionisierte, basische Wasser zurückgeführt.

Beweise für Skeptiker sind solche Veränderungen natürlich nicht, aber sie können z.B. Hinweise geben, in welche Richtung sich das eigene Befinden entwickelt.

☞ Wirkungen von basischem H₂-Wasser

Nun folgen einige Ausführungen darüber, welche Eigenschaften und Wirkungen seitens der wissenschaftlichen Forschung dem molekularen H_2-Wasserstoffgas zugeschrieben werden.

Als medizinischer Laie kann ich nur zusammentragen und darstellen, was dazu veröffentlicht wurde und welche Forscher sich dieser neuen Spezialdisziplin besonders intensiv widmen.

Ziemlich übereinstimmend berichten verschiedene Forscher zu den Wirkungen von H_2-Wasserstoff, er

- sei **Treibstoff zur Energiegewinnung** in jeder Zelle.
- stelle eine **Energie liefernde Grundlage aller biologischen Prozesse** dar.

- ☞ sei ein **elementarer Energielieferant für jede Zelle**, liefere den Mitochondrien den 'Kraftstoff = 'Energie. **Mitochondrien** werden als die 'Kraftgeneratoren' jeder Zelle betrachtet, da sie die Mehrheit des ATP (Adenosintriphosphat) erzeugen, das **für die Energieerzeugung unserer Zellen nötig** ist. Es hebe das Energieniveau an, und **jede Zelle könne kraftvoller ihre Aufgabe erfüllen und sich besser schützen.**
  (Mehr https://de.wikipedia.org/wiki/Mitochondrium, https://de.wikipedia.org/wiki/Adenosintriphosphat)

- ☞ besitze abgabebereite negative Elektronen, **fange damit selektiv schädliche freie Hydroxyl-Radikale**, sei der wichtigste therapeutische Wirkbestandteil im basischen Aktivwasser.

- sei ein **sehr effektives, ja sogar** ☞ **das stärkste Antioxidans**, es wirke gegen schädliche freie (Sauerstoff)Radikale und Mikroben. (https://de.wikipedia.org/wiki/Antioxidans)

- wirke speziell **antioxidativ gegen die extrem schädlichen freien Sauerstoffradikale** (Hydroxylradikale).
  (https://flexikon.doccheck.com/de/Freie_Radikale)

- ☞ Da **Graphenoxid** aus mRNA-Spritzen und anderen Quellen ein starkes Oxidationsmittel ist und die Zellen schnell altern lässt und sie zerstört, könne das stark antioxidative H_2-Wasserstoffgaswasser ein wichtiges Gegenmittel gegen Graphenoxid sein.

- ☞ rege die Aktivierung und Regulation anderer körpereigener **anti-oxidativer Enzyme** an. (z.B. **Glutathion**, Superoxid Dismutase, Katalase etc.)

- sei für **Mitochondrien**, die für die Produktion von Energie und gefährlichen Oxidverbindungen (ROS) verantwortlich sind, das wirksamste Antioxidans = **Schutz-, Reparatur und Neutralisierungsmittel.**

- ☞ **schütze die DNA, RNA und Proteine** vor oxidativem Stress, vorzeitiger Alterung und Vernichtung, wirke **vorzeitiger Zellalterung und Zelltod** entgegen. (**AntiAging-Effekt**, wichtig bei **Alzheimer und Demenz**, zur **Vorbeugung und Behandlung von Schlaganfällen**).

- **könne Elektronen wie eine Batterie speichern und bei Bedarf wieder abgeben.** Bei der Aufnahme von Elektronen wird aus dem gewöhnlichen Wasserstoff ein aktivierter Wasserstoff, ein so genanntes negatives Wasserstoff-Ion (H-Minus).

- ☞ reduziere **Entzündungen**, die mit vielen Krankheiten und oxidativem Stress, z.B. durch **Gifte, Viren, Bakterien, Sporen, Pilze, Algen, tierisches Plankton und Protozoen** zusammenhängen.
- verbessere die **Hirnleistungen**.
- ☞ stärke das **Immunsystem**.
- beschleunige **Heilungsprozesse**.
- unterstütze einen **ausgeglichenen Säure-Basen-Haushalt** des Körpers. In einem leicht elektronenüberschüssigen = basischen Milieu arbeite der Körper optimal.
- wirke gegen **Allergien**.
- mache **Haut** gesund, elastisch, faltenfreier, jünger aussehend.
- Helfe gegen **Sonnenbrand** und andere Hautschäden, z.B. nach radioaktiver Bestrahlung.
- verbessere **Fett- und Zuckerwerte** bei Diabetespatienten.
- verbessere die **Spermienquantität** und –bewegung.
- Könne in **Enzymen** gespeichert und von ihnen als Reaktionsbeschleuniger zur Verfügung gestellt und so zahlreiche Stoffwechselvorgänge unterstützen.

Wie schon erwähnt, sind das keine eigenen Erkenntnisse, sondern eine (unvollständige) Zusammenfassung von wissenschaftlichen Ergebnissen, die seit 2007 mit Hochdruck zum molekularen H_2-Wasserstoffgas erforscht werden.

Antioxidatives Potenzial von H_2-Wasserstoffgas

☞ Eine besondere Rolle scheint H_2-Wasserstoffgas beim Kampf gegen schädliche Radikale, speziell **Sauerstoffradikale**, gegen das **Peroxynitrit-Anion** und gegen Übersäuerung zu spielen.

80 % aller Erkrankungen sollen als Ursache eine Übersäuerung der Zellen haben. Übersäuerung entsteht u.a. durch oxidativen Stress (auch beim Sport, denn es wird Sauerstoff verbrannt). Es entstehen sogenannte freie Radikale. Diese haben einen Elektronenmangel, werden dadurch zu Elektronenräubern.

Freie Radikale greifen die Zellwände an, indem sie sich aus den Molekülen der Zellbausteine ein freies Elektron holen. Diesen Vorgang nennt man Zelloxidation, welcher auch für den Alterungsprozess verantwortlich ist. Um diesen Vorgang abzumildern, benötigt der Körper Antioxidantien, z. B. Vitamine.

Die antioxidative Wirkung der Vitamine beruhe darauf, dass Vitamine bzw. Antioxodantien zum großen Teil aus Wasserstoff bestehen.

Der Entdecker der Ascorbinsäure (Vitamin C = $C_6H_8O_6$) bezeichnete den **Wasserstoff als wesentlichste Energieform für den Körper.** **Wasserstoff habe die stärkste antioxidative Wirkung** und sei in freier molekularer Form, vor allem in frischem Obst und Gemüse vorhanden.

Antioxidantien binden freie Radikale, reduzieren dadurch die Zellalterung und haben deshalb einen starken Anti-Aging Effekt, denn je höher die Zelloxidation ist, desto schneller altern wir. Ausreichende Mengen an Antioxidantien können daher die Zellalterung entscheidend verlangsamen.

Oxidativer Stress kann viele Ursachen haben:

Aufgrund von erhöhtem psychischem Stress im Arbeitsalltag und im Privatleben, durch vielfältige allgegenwärtige Umweltgifte, Elektrosmog (WLAN, 5G!!) und natürlich durch hohen Alkohol- und Nikotin-konsum, sind wir in der heutigen schnelllebigen Zeit im Durchschnitt stärker davon betroffen als in der Vergangenheit. Es ist z.B. bekannt, dass ein Raucher einen sehr viel höheren Bedarf des Antioxidant Vitamin C hat, als ein Nichtraucher.

☞ **Der Bedarf an Antioxidatien als Zellschutz ist heute wesentlich höher als in früheren Zeiten, weil die Belastungen sehr viel höher sind.** Bei gleichzeitig immer weiter fallendem Vitalstoffgehalt unserer Lebensmittel durch Massenproduktion, ausgelaugte Böden und Kostensenkungen, **kann die Zuführung von molekularem Wasserstoff zukünftig ein entscheidender Faktor für unsere Gesundheit sein.**

Freie Sauerstoff-Radikale (Hydroxylradikale) seien nach einhelliger wissenschaftlicher Meinung auch eine **Hauptursache für nachlassende Zellspannung** und dadurch auch für die **Entstehung der meisten Krankheiten** sowie der **vorzeitigen Zell- und Organalterung und des Zelltodes** (= Organdegeneration, Organversagen).

- ☞ Die wohl wichtigste Eigenschaft und Fähigkeit des Wasserstoffgases bestehe in seiner **sehr hohen und spezifischen Antioxidations-Fähigkeit gegenüber Sauerstoffradikalen** ohne Beeinträchtigung von nützlichen Oxidantien. H_2 **reduziere oxidativen Stress**.

- ☞ Molekularer H_2-Wasserstoff neutralisiere vor allem direkt das zerstörendste aller freien Radikale, das **DNA-schädliche Hydroxyl-Radikal**, das mit einem ORP von (+) 2300 mV die Liste der Zellzerstörer, noch vor Ozon (+ 2000 mV), anführt.

- Wasserstoffgas wandle Hydroxyl-Radikale gemäß der Formel: H_2 + 2* OH -> 2 H_2O in reines Wasser um. Es hinterlasse daher **keine Rückstände nach der Neutralisation der freien Radikale**.

- Weiterhin neutralisiere H_2 das Peroxynitrit-Anion und **verhindere die Entstehung von Stickstoff-Radikalen**, die für Zellstrukturen und wichtige Enzyme gefährlich sind.

- **Es erweitere das eigene Antioxidantiensystem unseres Körpers.** Einige Wissenschaftler sagen sogar, dass durch die Zuführung von Wasserstoffgas die bereits vorhandenen Antioxidatien im Körper "wieder aufgeladen" werden können.

Es könne zwar keine in Lebensmitteln enthaltenden Antioxidantien ersetzen, aber in Verbindung mit den Vitaminen aus Früchten und Gemüse biete es zusätzliche Vorteile, die ohne Wasserstoffgas schwer oder nicht erreichbar sind.

☞ Molekulares H$_2$-Wasserstoffgaswasser scheint daher **sehr vielversprechend für die Vorbeugung und auch Therapie der wichtigsten Krankheiten, zur Verlangsamung des Alterungsprozesses und generell als Präventionsmaßnahme zu sein**, um sich vor den Auswirkungen von oxidativem Stress und der damit einhergehenden Zelloxidation schützen zu können.

5G-Auswirkungen mildern

Bekannt – wenngleich nicht unbedingt anerkannt – ist, dass elektromagnetische Felder und bestimmte Frequenzen – z.B. von WLAN, Hochspannungsleitungen, Handy-Netzen (2G bis 5G oder höher) **oxidativen Stress** in Zellen von Menschen, Tieren und Pflanzen erzeugen können.

Relativ klar scheint bisher zu sein, dass die 5G-Frequenzen **alle Zellen durchdringen und dabei im Zellwasser extrem viele sehr schädliche Hydroxyl-Radikale (Sauerstoff-Radikale) erzeugen**.

Der dadurch in allen (!!) Zellen entstehende Oxidationsstress kann letztlich Schwächungen und Schäden in vielerlei Hinsicht mit sich bringen.

☞ Als bestes selektives Mittel gegen die stark oxidativen Hydroxylradikale gelte molekulares, antioxidatives Wasserstoffgas (H$_2$).

Eine tägliche Einnahme von H$_2$-reichem basischem Aktivwasser könnte daher wohl auch eine gewisse Schutzwirkung gegen die Auswirkungen der 5G-Frequenzen und Felder hervorbringen.

Prof. Nicolsons und Tylor LeBarons H$_2$-Forschungen

Die wohl umfassendste Darstellung über Wasserstoffgaswirkungen, die bisher erstellt wurde, erschien im Januar 2016 von *Prof. Dr. Garth Nicolson* im „International Journal of Clinical Medicine, 7, 32-76".

Die Darstellung ist 76 Seiten lang und bietet 338 Referenzen.

Nicolsons Zusammenstellung lasse keinen Zweifel mehr daran, dass die ☞ Verwendung von Wasserstoffgas zur **Vorbeugung und als primäre oder unterstützende Komponente bei der der klinischen Versorgung Kranker** äußerst wichtig sei.

Die aktuellsten englischsprachigen Forschungsergebnisse stammen derzeit wohl von **Tylor LeBaron** und seinem Molecular Hydrogen Institut. (http://www.molecularhydrogeninstitute.com/tyler-lebaron, http://www.molecularhydrogeninstitute.com/)

☞ **Es scheint nicht ausschlaggebend zu sein, wie das H_2-Wasserstoffgas erzeugt wird.**

Messbar ist allerdings, dass an der Kathode des H_2-Wasserionisierers beträchtliche Mengen von H_2-Wasserstoffgas erzeugt werden können. Daher dürften logischerweise auch die von wissenschaftlichen Forschern gefundenen Nutzwirkungen von H_2-Wasserstoffgas auch mit dem H_2-Wasserionisierer erzielbar sein.

Mangels eigenen Nachweismöglichkeiten kann ich als Nicht-Mediziner daher auch hier nur erneut das altrömische Sprichwort zitieren: „Experimente = Erfahrungen lehren es…"

H_2-Wirkungen gegen Krankheiten

In fast 1000 Studien sei seit 2007 - teils durch Doppelblindverfahren - bewiesen worden, dass H_2-Wasserstoffgas (= Wasserstoff-Wasser) **bei mehr als 170 neurodegenerativen und anderen Erkrankungen positive Wirkungen aufweise.**

☞ Wasserstoffgas könne generell für jede Zelle und Funktion im menschlichen Körpers (und bei Tieren) von großem Nutzen sein.

Molekulares Wasserstoffgas habe sich bewährt u.a. gegen entzündliche, allergische Erkrankungen, neurodegenerative, kardiovaskuläre, neuro-muskuläre, rheumatische, infektiöse Erkrankungen, Stoffwechselstörungen, Ischämie, radioaktive Verstrahlung, Hautschäden, Sepsis, Parkinson und Alzheimer Krankheit, Bauspeicheldrüsenentzündung, Blutdruckkrankheiten, Lungen- und Zungenkrebs und viele mehr.

Wasserstoffgas wirke nicht nur **vorbeugend gegen viele systemische Erkrankungen**, sondern auch **gegen vorzeitige Zellalterung** und daraus entstehende Erkrankungen (z.B. bei Demenz, Alzheimer, Krebs).

☞ H_2 als therapeutisches Gas sei aus verschiedenen Gründen das interessanteste von allen medizinischen Gasen. **Im Wesentlichen verringere es oxidativen Stress und Entzündungen, und damit die Ursache von über 170 der häufigsten Krankheitsbilder.**

Oxidativer Stress und Entzündung seien aber zweifellos zwei der grundlegendsten Mechanismen zur Zerstörung der menschlichen Gesundheit, vor allem bei zunehmenden Alter der Menschen und deren typischen Alterskrankheiten.

Es habe sich gezeigt, dass molekularer Wasserstoff im Wesentlichen in jeder Zelle und damit auch in jedem Organ des menschlichen Körpers hilfreich sei, weil er den Bereich von oxidativem Stress und Entzündungen zu mildern helfe.

Normale Antioxidantien sind nicht selektiv. Sie geben ihre Elektronen schon an vergleichsweise schwache Oxidantien ab. Molekularer Wasserstoff dagegen reagiere nur selektiv auf superstarke Oxidantien – wie die Sauerstoffradikale -, die von anderen körpereigenen Antioxidantien nicht bewältigt werden können. ☞ **Wasserstoff helfe, alles wieder in die Homöostase (Gleichgewicht) zu bringen**.

☞ Durch seine starken **energetisierenden, zellspannungserhöhenden und einzigartigen antioxidativen, antientzündlichen, entgiftenden, antiallergischen und zellschützenden Eigenschaften, seine gen-regulatorischen Fähigkeiten und schnelle Durchdringung von Gewebe- und Zellbarrieren** sowie seine hervorragende Sicherheitsbilanz habe Wasserstoff viele einzigartige Eigenschaften, die es selbst noch in solchen Fällen, wo andere systemische Behandlungsmethoden an ihre Grenzen stoßen, hilfreich machen.

☞ Es könne daher direkt oder indirekt **zur Vorbeugung oder Therapie jeder Krankheit als Mitunterstützung** verwendet werden.

Mehr dazu: https://www.grueneperlen.com/warum-antioxidatives-aktives-wasserstoff-wasser-trinken?

Therapeutisch wirksame Wasserstoffgasmenge

Bislang ist ungeklärt, wieviel Wasserstoffgas man tatsächlich im Körper verwerten kann und ab welcher Menge schon ein therapeutischer Effekt eintritt.

Eine medizinisch und therapeutisch wirksame Konzentration trete bereits ab einem Wasserstoffgehalt von etwa 0,5 bis 0,8 ppm ein.

Hydrogen-Fachleute wie Prof. Shigeo Ohta oder Tyler LeBaron empfehlen **pro Tag zwischen 0,5 und 3 mg Wasserstoffgaswasser** zu trinken. Diese Menge dürfte wohl schon mit einem viertel bis halben Liter Katholyt aus einem H_2-Wasserionisierer aufgenommen werden, wenn das Wasserstoffgas direkt an der schmalen Kathode abgesaugt und getrunken wird.

Durchschnittlich kann man in 30 - 120 Sekunden so viel hochgradig wasserstoffgasreiches, nur leicht basisches Aktivwasser aus dem H_2-Wasserionisierer trinken, wie man mag. An der Geschmacksveränderung des basischen Aktivwassers erkennt man, wann es Zeit ist, mit dem Absaugen / Trinken aufzuhören, weil dann der pH-Wert über 10.5 angelangt ist.

Einsatz gegen Übersäuerung

Wer einer **Übersäuerung vorbeugen, bzw. sie reduzieren** will, sollte pH-Konzentrationen zwischen pH 9.5 bis 12.5 verwenden. Je höher der pH-Wert ist, desto mehr verändert sich aber der Geschmack des ionisierten basischen Wassers (Katholyt) Auch ohne Messgerät ist das erkennbar.

Über pH 11.5 solle man ionisiertes Katholyt nur kurzfristig zu Zwecken der Leistungssteigerung - z.B. im Sport, bei akuten Beschwerden oder zur Regulierung des Säure-Basengleichgewichts - trinken.

pH 12.5 wurde z.B. von Ärzten mit Natterers basischem Nawasan 507-Produkt gegen starke Übersäuerung eingesetzt.

Hinweise bei gleichzeitiger Einnahme von Pharmaprodukten

Bisherige langjährige Erfahrungen und Forschungsergebnisse zu H_2-Katholyt und speziell zu H_2-Wasserstoffgaswasser weisen darauf hin, dass es **sicher, gut verträglich und frei von negativen Nebenwirkungen** sei. Es sei in der Regel auch **mit anderen Medikamenten verträglich**. Allerdings gäbe es folgendes zu berücksichtigen:

- Da ionisiertes, wasserstoffreiches Aktivwasser von den Zellen sehr leicht aufgenommen werde, die Zellen absorptionsbereiter mache, sie energetisiere und es antioxidativ, antientzündlich, antiallergisch wirke und je nach Mineralienbeigabe mit den elementaren basischen Mineralien versorge, **könnten sich die Zellen und Organe dadurch nun wieder besser selbst helfen**.
- ☞ Daher könnten unter Umständen **Medikamente nun erheblich stärker wirken** und es könne bzw. solle daher ihre Dosis evtl. deutlich reduziert werden!
- Wieweit eine Dosisverringerung der Medikamente angebracht ist, sollte mit dem behandelnden Arzt abgeklärt werden. Sofern der behandelnde Arzt die Wirkungen von Wasserstoffgas in ionisiertem, H_2-Katholyt nicht kennt (was leider meist der Fall ist), bleibt dem Nutzer die Eigenentscheidung und Eigenverantwortung bei Experimenten wohl kaum erspart...
- Ionisiertes, wasserstoffreiches basisches Aktivwasser könne oxidierende **Eigenschaften von Medikamenten** abschwächen. Daher solle man lieber neutrales (nicht ionisiertes) Wasser für die Medikamenteneinnahme verwenden. (Mehr http://flexikon.doc-check.com/de/Oxidation)

Keine Nebenwirkungen durch Wasserstoffgas

Die Effekte bei Langzeitanwendung von höheren Dosen von H_2-Wasserstoffgas wurden seit 2007 untersucht. Die Ergebnisse seien gerade für Selbstanwender, die solches Wasser trinken, ermutigend:

- ☞ Bei allen Studien mit molekularem H_2-Wasserstoff seien **keine unerwünschten Nebenwirkungen** beobachtet worden.

- ☞ Es seien auch **keine negativen Wechselwirkungen mit chemischen Medikamenten**, wie z.B. Antihypertensiva, Antidepressiva oder Antihistaminika beobachtet worden.

- Im Gegensatz zu anderen Antioxidantien gebe es **keine Beweise, dass H_2 irgendwelche giftigen Nebenwirkungen** habe, wie dies z.B. bei hohen Dosierungen von Vitamin C der Fall ist.

- Im Gegensatz zu Antioxidantien in Frucht und Gemüse oder in Vitamin C habe H_2-Wasserstoffgaswasser auch bei hohen Dosen **keine schädlichen Nebenwirkungen**.

- Es führe **auch beim Trinken in größeren Mengen zu keinen negativen Nebenwirkungen**. Zuviel an Wasserstoffgas im Körper werde über die Lungen und Verdauungsorgane rückstandslos ausgeschieden.

Aufbewahrung von H_2-Katholyt

Das extrem kleine und leichte Wasserstoffgas verflüchtigt sich rasch in Luft und durchdringt nahezu jedes Material mehr oder weniger schnell. Sofern man es für eine spätere Einnahme im Tagesverlauf aufbewahren will, **hält es sich am besten in einer metallischen, doppelwandigen Thermosflasche oder in einer dickwandigen, dunkelblauen (Miron)Flasche**.

Das Wasser sollte liegend und kühl aufbewahrt werden.

Das **Aufbewahrungsgefäß sollte möglichst randvoll bis zum Deckel gefüllt werden, d.h. es sollten entsprechend kleine Gefäße** benutzt werden.

Bei Transport, Verschüttelung oder in Wärme verflüchtigt sich H_2-Gas schnell, weil es nach oben ausgast, sofern es dort Raum zwischen Wasser und Deckel findet. Innerhalb von 3 Stunden kann sich der Wasserstoffgasgehalt im Gefäß halbieren.

pH 8.5 bis 9.5: Ionisierte H$_2$-Power-Drinks

Ideale pH-Werte von H$_2$-Power-Drinks

Ionisiertes basisches Wasser mit **pH 8.5 – 9.5** gilt als ideal zum Trinken, weil es am besten und leichtesten vom Körper (bei Menschen, Tieren, Pflanzen) aufgenommen wird.

Die meisten Wasserionisierer-Hersteller empfehlen die **Einnahme von ionisiertem basischem Wasser im Bereich von pH 8.5 bis 10.5**. Für diesen Bereich liegen auch die meisten und am besten gesicherten gesundheitlichen Nutzwerte vor.

Ionisierte basische Getränke stellen die **effizienteste Methode dar, unseren Körper mit basischen Mineralionen sowie mit freien, antioxidativen Elektronen zu versorgen**.

Während Nahrung oder Nahrungsergänzungsmittel erst verdaut werden müssen, um Beides zu erhalten, gelangen die durch Elektrolyse ionisierten Mineralien nach ihrer oralen Einnahme direkt über den Darm zu den Darmschleimhäuten, in die extrazellulären Flüssigkeiten, ins Lymphsystem und in den Blutkreislauf und in die Zellen.

Dosis bei ionisierten basischen Getränken

Klare, eindeutige Dosierungs-Empfehlungen sind für keinen der nachfolgend erwähnten H$_2$-Power-Drinks möglich, weil sie z.B. vom Säure-Basenzustand, Energiezustand des Körpers, vom Gewicht, Alter etc. abhängen. Es können aber einige Erfahrungswerte genannt werden.

Man sollte von ionisiertem basischem Wasser mit pH 8.5-9.5 **täglich 30 ml pro kg Körpergewicht trinken**. Wer also z.B. 70 kg wiegt, sollte pro Tag 2,1 Liter davon über den Tag verteilt trinken. Bei Hitze, Heizungsluft, salzhaltiger Kost oder schwerer körperliche Arbeit oder Erkrankung können noch größere Mengen sinnvoll sein.

Aufgrund von Umstellungsreaktionen (Herxheimer!) sollte der **pH-Wert und die Aufnahme-Menge nur vorsichtig und langsam gesteigert** werden! Das kann z.B. so geschehen, indem man

- leicht basisches, ionisiertes Wasser mit **pH 7.5 bis 8.5** 1-2 Wochen lang trinkt. Davon könne man bedenkenlos täglich 2-3 Liter. trinken. Durch langsames Beginnen ließen sich evtl. Erstreaktionen verringern (evtl. Kopfschmerzen, Durchfall, Gelenkschmerzen)

- basisches, ionisiertes Wasser mit pH 8.5-9.5 erst nach ca. 2-3 Wochen regelmäßig trinkt.

- basisches, ionisiertes Wasser mit **pH 10-11** über den Tag verteilt nur in kleinen Mengen und kurzzeitig trinkt: Leistungssportler hätten mit nur einem halben Liter Wasser davon ihren Laktatwert von 4 auf 3 mmol senken können, was ein bemerkenswertes Ergebnis sei. (Mehr über Laktate: https://de.wikipedia.org/wiki/Lactate)

Bei einer Kur von 3-6 Monaten könne man zwischenzeitlich auch 14 Tage Pause machen und dann die Trinkmenge je nach Säureanfall durch Stress, falsche Ernährung und Krankheit reduzieren.

☞ Aufgrund des erhöhten H_2-Wasserstoffgasanteils in allen H_2-Power-Drinks ist allerdings anzunehmen, dass schon eine geringere Dosis vergleichbare Wirkungen hervorbringen kann.

H$_2$-Sole-Power-Drink

Der H$_2$-Sole-Power-Drink aus naturbelassenem Meersalz enthält alle essentiellen, lebenswichtigen, basischen Mineralien - z.B. Natrium, Calzium, Magnesium, Kalium. Die basischen Mineralien des gesamten Elektrolysewassers konzentrieren sich in ionisierter, besonders leicht verwertbarer Konzentration und mit erhöhtem H$_2$-Anteil in der Basenkammer.

Salzzusatz für H$_2$-Sole-Power-Drink

Herstellungsbedingungen: 1 Gramm naturbelassenes, unraffiniertes Meersalz (NaCl) wird in 1 Liter reinem Wasser gelöst. (= 0,1%ige Meersalzlösung = Sole)

Diese sehr geringe Salzmenge verändert den Wassergeschmack kaum merklich.

350 ml dieses Elcktrolysewassers kommen in die Anolytkammer und 650 ml in die Katholytkammer des H$_2$-Wasserionisierers.

Wie rasch damit 650 ml basischer, ionisierter H$_2$-Sole-Power-Drink (und gleichzeitig 350 ml Anolyt-Chlordioxid) herzustellen ist, zeigen Messwerte in Tabelle 03 S. 204 im Anhang. :

Wird der hierbei entstehende ionisierte, **basische H$_2$-Sole-Power-Drink** **innerhalb von 30 bis 120 Sekunden durch einen Trinkhalm direkt an der Kathodenelektrode abgesaugt und getrunken,** ist er sowohl mit vielen basischen Ionen des Meersalzes als auch hochgradig mit Wasserstoffgas (H$_2$) angereichert.

Das **Wasserstoffgas gibt ihm die eigentliche Power.** Denn es wirken nun nicht nur **die basischen, ionisierten und elektrisch aufgeladenen Mineralien,** sondern auch das Wasserstoffgas darin. Dessen mögliche Wirkungen wurden S. 65 ausführlich beschrieben.

Durch das H$_2$-Wasserstoffgas unterscheidet sich dieser Trank von nicht-ionisierter Sole mit vergleichbarer Salzkonzentration – selbst wenn sie geschmacklich identisch sein mögen.

Geschmacklich ist der H$_2$-Sole-Power-Drink bis pH 9.5 kaum verändert wohlschmeckend.

Er gilt lebensmittelrechtlich immer noch als Trinkwasser, auch wenn er nun nachweislich schon viele spezielle H$_2$-Mineral- und Solewirkungen hervorrufen kann.

Will man den täglichen Salzbedarf decken, kann dies mit 1,5 bis 2 Gramm Meersalz ins Elektrolysewasser geschehen.

Warum unraffiniertes Meersalz verwendet werden sollte

Vollwertiges, unraffiniertes Salz ist für Menschen und Tiere lebensnotwendig.

(Mehr http://www.vitaswing.de/gesund/salz/bedeutung.htm)

Sonnengetrocknetes, unraffiniertes Meersalz mit seinen über 80 lebenswichtigen Mineralstoffen und Spurenelementen ist **ideal, wenn man im basischen und sauren ionisierten Wasser** 👉 **alle lebenswichtigen Mineralstoffe in natürlichausgewogenem Verhältnis zu sich nehmen oder äußerlich anwenden will.**

Fügt man dem Elektrolysewasser naturbelassenes Meersalz zu, bekommt das Elektrolysewasser garantiert nahezu alle über 80 lebenswichtigen Mineralstoffe und Spurenelemente.

s. „Detaillierte Zusammensetzung des Meerwassers bei 3,5 % Salzge-halt": https://t.me/Chlordioxid/2649

Ein ionisiertes Sole-Getränk ist besonders gut und rasch vom Körper aufnehmbar und kann aufgrund der elektrischen Aufladung zusätzlich Energie liefern.

Dagegen sind im verarbeiteten, raffinierten Speisesalz (Siedesalz) außer Natrium und Chlorid alle lebenswichtigen Mineralien entfernt worden und es ist daher für die Zellen sogar giftig. (Mehr dazu in http://www.vitaswing.de/gesund/salz/salz-als-zellgift.htm)

Für den Eigenbedarf benutze ich naturbelassenes, sonnengetrocknetes und unraffiniertes Meersalz ‚Sal Tradicional' aus Tavira, Portugal.

Dortige Analysen ergeben folgende typischen Hauptmineralstoffe:

- Natriumchlorid (NaCl, i.d.Trockenmasse) 96,5 %

- Magnesium (Mg) 0,4 %

- Kalium (K) 0,25 %

- Calcium (Ca) 0,2 %

- Eisen (Fe) 8 mg/kg

- Jod (I) 630 ppb (µg/kg)

- Mangan (Mn) 1,6 ppm (mg/kg)

- Selen 4,8 ppm

Quelle: Marisol – Traditional Sea Salt: https://www.marisol.biz/en/sea-salt/traditional-sea-salt.html

Nutzwirkungen von Meersalz-Soleanwendungen

In den Werken von ***Batmanghelidj***: "Wasser, die gesunde Lösung. Ein Umlernbuch" und von ***Hendel, Ferreira***: "Wasser & Salz, Urquell des Lebens" werden ausführlich jene Wirkungen beschrieben, die naturbelassenes Salz in Wasser aufgelöst (= Sole) mit über 80 lebenswichtigen Mineralstoffen und Spurenelementen und ausreichende Zufuhr von reinem Wasser (1-2 Ltr./Tag) angeblich bewirken können:

- **Energie, Vitalität:** steigern sie, erhöhen und normalisieren die Zellspannung, erhalten/erhöhen Muskeltonus/-kraft, verbessern Blasenkontrolle.

- **Zellspannung, elektrische Leitfähigkeit:** sorgen für gute elektrische Spannung, Leitfähigkeit und Reizweiterleitung in Zellen und Zellmembranen.

- **Belebung, Ordnung:** sie sind für Zellen und Organe lebenswichtig, sie beleben und regen die Zellen und Organe zu ihren jeweiligen Aufgaben an und sorgen für ordnungsgemäße Funktionen von Zellen und Organen.

- **Wachstum:** regen Wachstum an, sorgen für Erhaltung und stufenweise Umwandlung zu anderen Verbindungen durch ständige Oxydationsvorgänge.

- **Reinigung, Entgiftung:** sorgen für Entgiftung von Schadstoffen und ihre Ausscheidung, haben stark reinigende Wirkungen (vor allem im Blut und Atembereich, gegen Schlacken, Kristallablagerungen, Schwermetallbelastungen).

- **Atembereich:** gegen Asthma, Verschleimung der Lunge, Bronchitis, Lungenaufblähung, Nebenhöhlenentzündungen, Erkältungen, Husten, Katarrh.

- **Herz, Blutdruck, Kreislauf, Gefäßsystem:** beruhigen, stabilisieren Herzschlag, regeln Blutdruck und Kreislauf, verhüten Krampfadern/Besenreiser.

- **Blut, Blutzucker:** stabilisieren Blutzuckerspiegel (gegen Diabetes, Wasser/Salz reduzieren Diabetes-Spätschäden).

- **Schlaf:** wichtig für Schlafregulierung.

- **Verdauung:** verbessern Aufnahme der Nährstoffe im Verdauungstrakt, sind nötig für guten Stoffwechsel und Verdauung.

- **Immunsystem:** regeln die meisten wichtigen Funktionen des Immunsystems, verbessern Immunisierung, Prophylaxe, Therapie und Rehabilitation besonders bei Kleinkindern, Jugendlichen und älteren Menschen.

- **Infektionen:** wirken gegen bakterielle, virale, mikrobielle, parasitäre Infektionen - wichtig z.B. bei Erkältungen, Grippe, Covid19, Krebs, Aids etc.

- **Allergien:** enthalten ein natürliches Antihistaminikum, dichten Gefäße ab, beruhigen Juckreiz. Allergiker sollten mehr naturbelassenes Meersalz zu sich nehmen!

- **Tumore, Krebs:** unraffiniertes Meersalz und viel Wasser sind mitentscheidend bei Prävention/Behandlung von Krebs. Durch sie gelangen Sauerstoff und aktive motivierte Immunzellen im Blut in das kanzeröse Gewebe und zerstören es.

- **Entsäuerung:** entziehen überschüssige Säure aus den Zellen, insbesondere aus den Gehirnzellen.

- **Kommunikation zwischen Zellen und Organen:** sind für die Informationsverarbeitung in den Nervenzellen und die Kommunikation zwischen Nervenzellen (wie Sonnenlicht) lebenswichtig. Sie verbessern die Kommunikation der Nervenzellen.

- **Nieren- und Blasenfunktion:** gegen Blasenschwäche, Nieren- und Blasenleiden. Nieren benötigen dringend Salz, um Übersäuerung abzubauen und mit Urin auszuscheiden. Ohne ausreichend Salz wird der Körper immer saurer.

- Gegen **Augenleiden**.

- **Knochen, Gelenke, Muskeln:** machen die Knochen fest; wirken gegen Arthritis, Arthrose, Gicht/Gichtarthritis, gegen Gelenkschmerzen, bei Verstauchungen und Prellungen, schützen vor Muskelkrämpfen.

- **Zähne:** gegen Karies und Paradontose. (Sole zum Zähneputzen benutzen!)

- **Schmerzen:** gegen Migräne, Gelenkschmerzen, Wachstumsschmerzen. Schmerzen weisen oft auf Wassermangel, Aufbau von Milchsäure in überanstrengtem/ausgetrocknetem Muskelgewebe und Lichtmangel hin -> nach und nach entsteht Übersäuerung -> Schäden durch unverdünnten überschüssigen Säuregehalt -> Körper signalisiert lokalen Wassermangel (und Lichtmangel). Hilfeschreie des Körpers nach Wasser (und Lichtenergie), um giftigen Abfall aus dem ausgetrockneten Gebiet zu entfernen.

- **Hautkrankheiten, Allergien:** gegen Neurodermitis, Psoriasis u.a. Hautkrankheiten, Lupus (Hauttuberkulose), Pilzinfektionen.

- Gegen **Ödeme**.

- **Nerven:** Hautrezeptoren des Trigeminusnerv sind zwingend auf ausreichende Wasser- und Salzversorgung angewiesen.

- **Stressbewältigung** in Körper und Seele: emotionaler/körperlicher Stress verursacht gravierenden Wassermangel. Freies Wasser wird schnell in chemischen Reaktionen zur Stressbewältigung verbraucht.

- **gegen Frauenleiden.**

- **Übergewicht:** verringern Gewicht.

- **Drogensucht:** Heroinsüchtige konnten Bedarf um 60 Prozent einschränken, weil ihr Körper plötzlich nicht mehr so stark nach der Droge verlangte.

- **Psyche, Stimmung:** gegen Depressionen, emotionale Instabilität und Affektstörungen; sorgen für ausgewogenen Serotonin-/Melatoninspiegel im Gehirn.

- **Geistige Leistungsfähigkeit:** gegen Konzentrationsstörungen, Geist wird klarer.

Nochmals zur Erinnerung: Solche Gesundheitswirkungen durch täglich 1-2 Liter Wasser mit 1-2 Gramm Meersalz darin sollen nur durch naturbelassenes Meersalz - keinesfalls mit raffiniertem und dadurch sogar schädlichem Siedesalz, Speisesalz - zu erzielen sein!!

s. „Wasser & Salz- Urquell des Lebens" – Videovortrag von Peter Ferreira, Teil I: https://t.me/Chlordioxid/2659, Teil II: https://t.me/Chlordioxid/2660

Ob die erwähnten, vergleichbaren oder gar stärkeren, umfassenderen Wirkungen auch mit dem ionisierten, elektrolysierten H_2-Sole-Power-Drink mit pH 8.5 bis 9.5 zu erzielen sind, will ich als medizinischer Laie weder bejahen noch verneinen. Aber man kann es ja selbst testen…

Zusätzliche Wirkungen des H_2-Wasserstoffgases im Sole-Power-Drink

Wenn beim H_2-Sole-Power-Drink zusammen mit den über 80 elementaren Mineralien und Spurenelementen noch 🖝 das dabei entstehende **H_2-Wasserstoffgaswasser direkt mit Trinkhalm abgesaugt** wird, können auch dessen spezifische H_2-Wirkungen (s. S. 65) noch eine beachtenswerte Rolle einnehmen.

Will man das H_2-Wasserstoffgaswasser nicht sofort mittels Trinkhalm absaugen und trinken, kann man sich einen möglichst wasserstoffgasreichen, **basischen H_2-Sole -Drink** für späteren Tagesverbrauch zubereiten. Dazu sollte man 🖝 mittels einer 50 oder 100 ml Spritze mit stumpfer, langer Kanüle an der Kathoden-Elektrode das hochperlende

Wasserstoffgaswasser innerhalb von 2 Minuten absaugen und sofort in eine Glasflasche umfüllen.

Solche potentiellen H_2-Zusatzwirkungen wurden in den obigen Kapiteln behandelt:

- Subjektive Wirk-Kennzeichen von H2-Basenwasser, S. 62
- Wirkungen von basischem H2-Wasser S. 63
- Antioxidatives Potenzial von H2-Wasserstoffgas S. 65
- H_2-Wirkungen gegen Krankheiten S.69

Ob und inwieweit solche potentiellen Zusatzwirkungen tatsächlich auch beim Sole-Power-Drink zutreffen, ist mangels klinischer Tests weder belegbar noch widerlegbar. Als Arbeitshypothese dürften sie für experimentalfreudige Anwender eines H_2-Wasserionierers durchaus für Eigenforschungen nützlich und fruchtbar sein.

Die alten Römer sagten für solche Gelegenheiten: „Experimentia docent!" also „Experimente = Erfahrungen zeigen es!"

Lebensmittelrechtlich gilt ein solcher H_2-Sole-Power-Drink bis pH 9.5 noch als ‚Trinkwasser'…

H₂-Basen-Power-Drink

Der H₂-Basen-Power-Drink enthält besonders leicht verwertbare ionisierte basische Mineralien in ausgewogener Mischung mit erhöhtem H_2-Anteil.

Basenpulver – also eine Mischung aus verschiedenen basischen Mineralien - variieren je nach Hersteller in den Inhaltsstoffen, im Herstellungsprozess, in der empfohlenen Dosierung, in der Konsistenz, im Geschmack und Aroma, in der Marke und auch im Preis.

Teurere Produkte geben dabei noch lange keinen Aufschluss über eine stärkere oder schwächere Wirkung.

Ionisierung von Basenpulver

Als Beispiel für eine Kombination verschiedener basischer Mineralien erwähnte ich S. 54 *,Basenpulver Melhorn'*. Wird dieses Basenpulver in Wasser aufgelöst, schmeckt es nach Zitronenwasser und zeigt die **basenwassertypischen Wirkungen, z.B. gegen Übersäuerung**.

Basenpulvermischungen eignen sich i.d.R. kaum für die gleichzeitige Bildung von Chlordioxid im sauren Anolyt.

Nutzwirkungen von ionisiertem Basen-Trinkwasser

In verschiedenen Veröffentlichungen werden für basisches Trinkwasser mit **pH 8.0 bis 10.5** folgende **Nutzwirkungen für die Gesundheit** erwähnt:

- **Natrium** (Na) sei bedeutsam u. a. für Konzentrationsgefälle bei Nervenzellen (zusammen mit Kalium), Aufnahme und Transport von Nährstoffen, Regulation des Wasserhaushaltes und des Säure-Basengleichgewichtes. (Mehr http://flexikon.doccheck.com/de/Natrium)

- **Calcium** (Ca) sei bedeutsam u. a. für Stabilisierung des Skelettsystems, Blutgerinnung, Erregungsleitung (Muskelkontraktion), Aktivierung von Enzymen. (Mehr http://flexikon.doccheck.com/de/Calcium)

- **Magnesium** (Mg) sei bedeutsam u. a. für Knochen, Zähne, zahlreiche Enzyme und energiereiche Phosphatverbindungen. (Mehr http://flexikon.doccheck.com/de/Magnesium)

- **Kalium** (K) sei bedeutsam u. a. für Aufrechterhaltung des Membranpotentials, Blutdruckregulation, Eiweiß- und Glykogen-Bildung. (Mehr http://flexikon.doccheck.com/de/Kalium)

- **Es könne den Basen-Säurehaushalt ausgleichen** (für Menschen, Tiere und Pflanzen). Dies **regeneriere die Grundregulation**. Es zu Mahlzeiten zu trinken sei wichtig, um die sauren Wirkungen von Getränken und Lebensmitteln auszugleichen.

- **Es wirke gegen Dehydrierung**: Morgens solle man als erstes ein bis zwei Gläser ionisiertes basisches Wasser trinken. Im Vergleich zum Leitungswasser sei es leichter trinkbar, wirke ‚weicher‘, führe elektrische Energie zu, setze im Körper Sauerstoff frei, und habe einen angenehmen Geschmack.

- **Es sei für Darmreinigung/spülung geeignet**: Katholyt solle man auf Körpertemperatur erwärmen und als Klistier mit entsprechender Apparatur verwenden, um angesammelte Schlacken und Schadstoffe auszuscheiden.

- Es diene der **Krankheitsvorbeugung und -Behandlung** (vor allem bei Übersäuerungskrankheiten, praktisch bei allen ‚Zivilisationskrankheiten‘) Es aktiviere viele Bio-Prozesse.

- **Es fördere gute Verdauung**, unterstütze den Stoffwechsel.

- Es fördere und stärke **Leber**, **Entgiftung, Entschlackun**g.

- **Es unterstütze Herz, Kreislauf, Gefäße.**

- Es helfe bei **Frauenleiden**, Schwangerschaft, Geburt.

Wird dieses (oder ein ähnliches) Basenwasser aber als Elektrolysewasser benutzt und in seine nun energetisierten, ionisierten basischen und sauren Teile getrennt, bekommt es wahrscheinlich zusätzliche Nutzwirkungen und sei im Körper zumindest leichter verwertbar und energiebringender.

Zusätzliche Wirkungen des H₂-Wasserstoffgases im H₂-Basen-Power-Drink

Wenn beim H_2-Basen-Power-Drink zusammen mit den oben erwähnten Basenpulvermineralien noch 🖛 **das dabei entstehende H_2-Wasserstoffgaswasser direkt mit Trinkhalm abgesaugt** wird, können auch dessen spezifische H_2-Wirkungen noch eine beachtenswerte Rolle einnehmen.

Will man das H_2-Wasserstoffgaswasser nicht sofort mittels Trinkhalm absaugen und trinken, kann man sich einen möglichst wasserstoffgasreichen, **basischen H$_2$-Basen -Drink** für späteren Tagesverbrauch zu-bereiten. Dazu sollte man 🖐☞ mittels einer 50 oder 100 ml Spritze mit stumpfer, langer Kanüle an der Kathoden-Elektrode das hochper-lende Wasserstoffgaswasser innerhalb von 2 Minuten absaugen und so-fort in eine Glasflasche umfüllen.

Potentielle H$_2$-Zusatzwirkungen wurden in den obigen Kapiteln behan-delt:

- Subjektive Wirk-Kennzeichen von H2-Basenwasser, S. 62
- Wirkungen von basischem H2-Wasser S. 63
- Antioxidatives Potenzial von H2-Wasserstoffgas S. 65
- H$_2$-Wirkungen gegen Krankheiten S.69

Ob und inwieweit solche potentiellen Zusatzwirkungen tatsächlich bei der Ionisierung von Basenmischungen zutreffen, ist mangels klinischer Tests weder belegbar noch widerlegbar. Als Arbeitshypothese dürften sie für experimentalfreudige Anwender eines H$_2$-Wasserionierers durchaus für Eigenforschungen nützlich und fruchtbar sein.

Die alten Römer sagten für solche Gelegenheiten: „Experimentia docent!" also „Experimente = Erfahrungen zeigen es!"

Lebensmittelrechtlich gilt auch ein solcher H$_2$-Basen-Power-Drink bei pH-Konzentration zwischen 8.5 und 9.5 als ‚Trinkwasser'.

H₂-Magnesium-Power-Drink

Der H₂-Magnesium-Power-Drink enthält ionisiertes, besonders leicht verwertbares pures Magnesium mit erhöhtem H₂-Anteil.

Zwecke von Magnesium im Elektrolysewasser

Im H_2-Wasserionisierer kann auch Magnesiumchlorid ins Elektrolysewasser beigefügt werden. Dazu kann reines Trinkwasser ebenso wie entmineralisiertes Umkehrosmosewasser verwendet werden.

Magnesiumchlorid ist das probate Mittel der Wahl, wenn

- an der (-)Kathodenelektrode möglichst viel molekulares H_2-Wasserstoffgas erzeugt werden soll.

- an der (+)Anodenelektrode maximal viel Chlordioxid (CD) im Anolyt enthalten sein soll.

- im ionisierten Basenwasser reines Magnesium konzentriert werden soll.

Der dabei entstehende basische H_2-Magnesium-Power-Drink ist für meinen persönlichen Geschmack angenehmer zu trinken als die H_2-Power-Drinks aus Vollwertsalz oder aus Basenmischungen.

Vor allem für die rasche Herstellung von Anolyt-Chlordioxid (A-CDL) zwischen pH 6.5 bis 1.5 bzw. 1 bis 3000 ppm Chlordioxidlösung ist Magnesiumchlorid geradezu prädestiniert!

Magnesiumöl mit 31% Konzentration herstellen

Man kann natürlich die gewünschte Menge (z.B. 2-3 g) Magnesiumchloridkristalle ins Elektrolysewasser geben und darauf warten, bis sie sich darin endlich aufgelöst haben, bevor man mit der Elektrolyse beginnt.

☛ Einfacher, bequemer und rascher geht es, wenn man sich eine fertige 31%ige Magnesiumchloridlösung auf Vorrat herstellt (z.B. 100 oder 500 ml). Aus diesem Vorrat kann man dann die gewünschte Dosis ins Elektrolysewasser geben, aber man kann diese konzentrierte Lösung auch z.B. für Hauteinreibungen oder in verschieden abgeschwächten Konzentrationen als zu Desinfektionszwecken nutzen. Mehr dazu weiter unten.

Hier die **Zubereitung von 500 ml Magnesiumchloridlösung mit 31%iger Konzentration**:

1. 155 Gramm Magnesiumchloridkristalle abwiegen.
2. Gesamte Menge in eine 500 ml-Glasflasche einfüllen (optimal sind Sahneflaschen mit breiter Halsöffnung).
3. Flasche bis fast oben hin mit destilliertem Wasser oder mit entmineralisiertem Umkehrosmosewasser auffüllen und die Kristalle darin auflösen.

Wenn alle Magnesiumkristalle aufgelöst sind, ist die Magnesiumchloridlösung eine klare, leicht klebrige Flüssigkeit. Trägt man einige Tropfen davon auf die Haut auf, wirkt die Flüssigkeit leicht ölig-schmierig. ☞ Daher bezeichnet man diese 31%ige Magnesiumchloridlösung meist als *‚Magnesiumöl'*. Sie ist aber dennoch kein Öl, sondern ein Mineralkonzentrat.

Magnesiumanteil im Magnesium-Öl berechnen

Da jeder lebende Organismus ständige Magnesiumzufuhr benötigt, ist es gut, zu wissen, wieviel reines Magnesium in der verwendeten Magnesiumchloridlösung (im ‚Magnesiumöl') enthalten ist.

Folgende Tabelle zeigt, wieviel 31%iges ‚Magnesiumöl' nötig ist, wenn man eine bestimmte Menge von reinem Magnesium pro Tag einnehmen oder über die Haut in den Körper bringen will:

31%iges Magnesium-öl in ml	1	**5**	**10**	15	20	30	40	50
pures Magnesium in mg	37	**188**	**371**	556	741	1112	1482	1853

Zweck bestimmt die Magnesiumkonzentration im Elektrolysewasser

Der Zweck, wofür man Magnesiumöl ins Elektrolysewasser gibt, entscheidet maßgeblich über die verwendete Magnesiumkonzentration und Elektrolysedauer.

- Will man ein **angenehmes, nur leicht bitter schmeckendes H₂-Magnesium-Getränk herstellen**, gibt man 5 oder auch 10 ml Magnesiumöl in 1 Liter Elektrolysewasser und führt eine kurze (Ein- bis zweiminütige) Elektrolyse durch. Dann stehen einem 650 ml Magnesiumdrink mit ca. 170 bis 360 mg reinem Magnesium in der Außenkammer zur Verfügung.

- Will man als Hauptzweck aber rasch eine stark saure **Anolyt-Chlordioxidlösung** herstellen, gibt man gleich 10 oder auch 15 ml Magnesiumöl in 1 Liter Elektrolysewasser und führt die Elektrolyse 5-15 Minuten durch.

Wie lange die Elektrolyse dauert, um bestimmte basische und saure Konzentrationen mit verschiedenen Magnesiumölmengen in einem Liter Elektrolysewasser herzustellen, kann im Anhang aus Tabelle 01, S. 200 und Tabelle 02, S. 201 im Anhang abgelesen werden.

Durch eine 10-15 minütige Elektrolyse entsteht hochbasisches und tiefsaures ionisiertes Wasser. Beide ionisierten Wasserarten werden dann für andere Zwecke als zum Trinken verwendet.

☞ Aus dem hochbasischen Wasser (über pH 10.5 bis 13.5) wird ein wirksames Reinigungsmittel, aus dem tiefsauren Anolyt-Chlordioxidwasser wird ein hocheffektives Desinfektions-, Dekontaminations- und Giftneutralisierungsmittel!

Magnesiumdrink mit 5ml 31%igem Magnesiumöl

Eine **Dosierung von 5 ml Magnesiumöl** in 1 Liter Elektrolysewasser ist vom Geschmack her wohl für die meisten Menschen noch wohlschmeckend, wenngleich leicht bitter. In der 650 ml fassenden Kathodenkammer sind dann maximal 188 ml reines Magnesium enthalten.

Herstellung des H₂-Magnesium-Power-Drinks:

Zunächst in 1 Liter sauberem Trinkwasser 1 TL (= 5 ml) 31%iges Magnesiumöl auflösen. Darin sind **188 mg pures Magnesium** enthalten. (s. S. 85)

Mit dieser Lösung beide Wasserkammern des H₂-Wasserionisierers auf gleiche Höhe befüllen.

In der größeren, 650 ml fassenden Kathodenkammer wird der ionisierte, energetisierte Magnesium-Drink erzeugt.

Die Elektrolyse mit dem H₂-Wasserionisierer soll 1- 3 Minuten mit 24 Volt Gleichstrom ausgeführt werden.

Im Anhang ist aus Tabelle 01, S. 200 abzulesen, wie lange die Elektrolyse ungefähr dauert, um den gewünschten basischen Ph-Wert zu erzielen.

☞ **Will man möglichst viel H₂-Wasserstoffgas zu sich nehmen,** sollte man das an der schmalen **Kathodenelektrode aufperlende H₂-Wasserstoffgas mittels Trinkhalm innerhalb von 30 Sekunden bis 2 Minuten absaugen und trinken.** Der hohe H₂-Wssserstoffgasanteil im Drink ist das eigentliche Geheimnis des H₂-Magnesium-Power-Drinks!

Den nicht sofort getrunkenen Rest kann man in eine kleine Flasche abfüllen und **schluckweise über den Tag verteilt trinken.** Bei schluckweiser Einnahme kann der Körper mehr Magnesium verwerten, als wenn man es in großer Menge auf einmal drinkt.

Die Abfüll-Flasche sollte nur soviel Fassungsvermögen haben, dass die basische Restmenge gerade darin Platz findet. Dann bleibt auch das wertvolle Wasserstoffgas darin eher als in einer zu großen Flasche erhalten.

Außer den ca. 185 mg reinem ionisiertem Magnesium können weitere basische Ionen enthalten sein, sofern kein Umkehrosmosewasser verwendet wurde und daher können auch weitere basische Mineralien im Elektrolysewasser enthalten sein.

Bis pH 9.5 gilt dieser Magnesium-Drink lebensmittelrechtlich noch als ‚Trinkwasser' – obwohl es schon beträchtliche Gesundheitswirkungen hat. (s. S. 62, 63, 65, 69)

Bis zu 650 ml ionisierter Magnesium-Drink kann mit einem Elektrolysedurchgang hergestellt werden.

Dieser H₂-Magnesium-Drink schmeckt noch so wohlschmeckend wie das Ausgangswasser beim Elektrolysebeginn.

Magnesiumdrink mit 10 ml
31%igem Magnesiumöl

Die Drink-Herstellung mit 10 ml Magnesiumöl ist identisch wie mit 5 ml Magnesiumöl. Das Elektrolysewasser enthält nun **370 mg pures Magnesium.** (s. S. 85) Damit kann auch zugleich der größte Teil des täglichen Magnesiumbedarfs gedeckt werden.

Der Elektrolysevorgang, d.h. die Aufteilung der basischen und sauren Ionen im Elektrolysewasser wird allerdings beträchtlich beschleunigt.

Im Anhang ist aus Tabelle 02 (S. 201) abzulesen, wie lange die Elektrolyse ungefähr dauert, um den gewünschten basischen Ph-Wert zu erzielen.

Bei dieser Magnesiumkonzentration genügen 1 bis 2 Minuten Elektrolyse, um in der 650 ml-Kathodenkammer ein wohlschmeckendes basisches, wasserstoffreiches Magnesiumgetränk mit bis zu 370 mg reinem Magnesium zu erzeugen.

Auch hier gilt: **Will man möglichst viel H_2-Wasserstoffgas zu sich nehmen**, sollte man das an der schmalen Kathodenelektrode aufperlende H_2-Wasserstoffgas mittels Trinkhalm innerhalb von 30 Sekunden bis 2 Minuten absaugen und trinken.

Den nicht sofort getrunkenen Rest kann man in eine kleine Flasche abfüllen und **schluckweise über den Tag verteilt trinken**. Bei schluckweiser Einnahme kann der Körper mehr Magnesium verwerten, als wenn man es in großer Menge auf einmal drinkt.

Bis pH 9.5 gilt auch dieser Magnesium-Drink lebensmittelrechtlich noch als ‚Trinkwasser' – obwohl es schon beträchtliche Gesundheitswirkungen hat.

Eine **Dosierung von 10 ml Magnesiumöl** im Elektrolysewasser ist vom Geschmack her schon deutlich bitterer, weil es ca. 371 mg reines Magnesium aufweist. (s. S. 85)

☞ Für den H_2-Magnesium-Power-Drink sollten 10 ml Magnesiumöl pro Liter Wasser nach eigenen Erfahrungen nicht überschritten werden, weil sonst die Ionenaufteilung von basischem Magnesium und saurem Chloranteil während der Elektrolyse zu rasch verläuft und das Magnesiumwasser sehr rasch hochbasisch wird und dann seinen Geschmack so verändert, dass es nicht mehr gerne getrunken wird.

Ebenso wird dann in der Anodenkammer das dort entstehende Anolyt-Chlordioxid sehr schnell sehr tief sauer.

Anwendertipps für Magnesiumdrinks

Ergänzend einige praxisorientierte Empfehlungen:

- Fügen Sie dem Elektrolysewasser **nur so viel Magnesiumchlorid bei, wie es Ihrem Geschmack angenehm** ist, denn nur solches basisches (Magnesium)Wasser trinkt man gerne in ausreichender Menge und vor allem regelmäßig (am besten täglich), das dem eigenen Geschmacksempfinden behagt.

- **Trinken Sie die gewünschte Trinkmenge möglichst innerhalb der ersten beiden Minuten** der Elektrolyse, denn dann liegt der pH-Wert des basischen Wassers noch innerhalb des gesetzlich fest-gelegten Trinkwasserbereichs (pH 6.5 bis 9.5). Das Magnesiumge-tränk schmeckt dann noch wie beim Beginn der Elektrolyse.

- Mit zunehmender Elektrolysedauer steigt der basische pH-Wert. Wenn er **über pH 10,0 kommt, ändert sich der Wasserge-schmack ins Brackige.** Solches Wasser ist zwar therapeutisch ef-fektiver, aber wenn es nicht mehr wohlschmeckt, unterlässt man das Trinken erfahrungsgemäß sehr bald.

- Zwar könnte das magnesiumreiche ionisierte Wasser bis pH 11.5 noch kurzzeitig zur Leistungssteigerung getrunken werden, aber die besten Erfahrungen wurden seit Jahrzehnten mit Konzentratio-nen von pH 8.5 bis 10.5 gesammelt. Davon können durchaus Ta-gesmengen bis 1-2 Liter getrunken werden.

- Über pH 11 ändert sich der Geschmack ins Fischige, ab pH 12 schmeckt es wie Seife – und kann auch als desinfizierendes, reini-gendes Wasser benutzt werden. Für Gesundheitszwecke wird es höchstens benutzt, wenn eine starke Übersäuerung sehr rasch ver-ringert werden muss.

(Mehr dazu: http://www.vita-wing.de/gesund/magnesium/magnesiumchlorid.htm

Nutzwirkungen von Magnesium für die Gesundheit

☞ Jeder Mensch benötigt das lebenswichtige Magnesium. Es muss dem Körper von außen zugeführt werden, weil kein Lebewesen Mag-nesium selbst herstellen kann und die Speicherkapazität im Körper – vor allem in Knochen und Haaren – relativ gering ist.

Magnesium ist an über 300 elementaren Vorgängen im Körper beteiligt. **Über 320 Enzyme könnten ohne Magnesium ihre Aufgabe nicht er-füllen.** (Mehr dazu siehe www.vitaswing.de/gesund/magnesium/mag-nesiumbedeutung.htm)

Ganz wichtig ist es für Entspannung von Muskeln, Nerven und Gefä-ßen, für Herz, Kreislauf, Immunsystem, Energiegewinnung, Fettabbau, Bildung von Zähnen, Knochen- und Knorpelmaterial, Eierstock, Pro-stata, Blutdruck, Stärkung der Nerven, Schmerzen, elektrisches Gleich-gewicht, Zellstoffwechsel, Lungenfunktion, Zellkopie, Verjüngung und Verhärtungsumkehr.

Es ist auch lebenswichtig-elemental z.B. fürs Verdauungs-, Atmungs-, Ausscheidungs-, Lymph- und Immunsystem, für Muskeln und Skelett,

Fortpflanzungssystem, den Stoffwechsel, für das Wachstum und die Kontrolle von Gewicht, Blutzucker und Cholesterin.

Magnesium ist überdies nötig für den Eiweiß-, Kohlehydrat- und Fettstoffwechsel, wichtig für die Funktion von Leber, Schilddrüsen und Nebenschilddrüsen, für Hören, Sehen und die Mundgesundheit. Kurzum, es ist ☞ eines der wichtigsten basischen Mineralien überhaupt.

Krankheiten durch Magnesiummangel können durch ausreichende Magnesiumzufuhr vermieden bzw. wieder kompensiert werden.

Häufigkeit von Magnesiummangel

Magnesiummangel kann vielerlei Ursachen haben.

(Mehr dazu: http://www.vitaswing.de/gesund/magnesium/ursachen-magnesiummangel.htm)

☞ Magnesiummangel ist freilich **viel häufiger, als die Ärzteschaft allgemeinhin annimmt**. Immer noch wird gelehrt, Magnesiummangel komme sehr selten vor. Das stimmt sicherlich nicht.

Nach den Ergebnissen von Ernährungsstudien ist **bei 20 bis 40 Prozent der Bevölkerung von latentem Magnesiummangel** auszugehen. Stehen dem gesunden Körper seine Regulationsmechanismen voll zur Verfügung, kann der Darm sehr effektiv Magnesium absorbieren und die Niere extrem effektiv Magnesium rückresorbieren, so dass die Magnesiumbilanz gerade noch ausbalanciert wird.

In Fällen von Magnesiummangel muss die Magnesiumzufuhr erheblich gesteigert werden, wozu magnesiumhaltige Nahrungsmittel, Nahrungsergänzungsmittel oder magnesiumhaltige Arzneimittel, vor allem aber das preiswerte und hochwirksame Magnesiumchlorid Anwendung finden können.

☞ Die Zufuhr von täglich **600 bis 1200 mg Magnesium** (bzw. 5-10 g Magnesiumchlorid) sind in diesen Fällen notwendig. Leider wird viel zu selten auf diese Zusammenhänge bzw. Umstände hingewiesen.

☞ Diese Magnesiummenge ist oral aber kaum zuführbar, kann aber durch zusätzliche Hauteinreibungen mit Magnesiumöl erreicht werden.

Symptome von Magnesiummangel

Magnesiummangel verursacht aufgrund der **zahlreichen elementaren Körperfunktionen des Magnesiums** meist **mehrere Symptome gleichzeitig**, so dass man von einem **Magnesiummangelsyndrom** (auch als **tetanisches Syndrom** bezeichnet) spricht. Dabei sind die **Symptome vielgestaltig**.

Typische Warnzeichen für bereits vorliegenden Magnesiummangel sind z.B.

- **Muskulär:** Muskelspasmen, Tetanie, Muskelkrämpfe (u.a. Lidzucken, nächtliche Wadenkrämpfe, Krämpfe der Kaumuskulatur als Leitsymptom), Zuckungen, Tics, hyperaktive Reflexe, Verschlechterung der Muskelkoordination (Ataxie), Zittern an Händen oder Beinen, unwillentliche Augenbewegungen, Schwindel, Schluckbeschwerden.

- **Vitalität/Energie:** rasche Erschöpfbarkeit, Energielosigkeit, Mattigkeit, Schwächegefühl, Asthenie, Müdigkeit, übermäßiges Schlafbedürfnis vs. Schlafstörungen.

- **Bei Kindern:** Wachstumsverzögerung oder fehlender Schwung.

- **Neurologisch/nervlich:** Innere Unruhe und Gespanntheit, Reizbarkeit, Geräuschempfindlichkeit, Grübeleien, Ängstlichkeit, Ängste, Depression, Lethargie, Schwächung des Gedächtnisses und kognitiver Funktionen, Verwirrung, Anfall.

- **Kardiovaskulär (Herz-Kreislauf-Gefäße)** Unregelmäßiger oder plötzlicher Herzschlag, Herzklopfen, Herzjagen, Verkrampfungen der Herzkranzgefäße, kalte Füße bzw. Hände, Gefühlsstörungen, Taubheitsgefühl in den Händen und Füßen.

- **Schmerzen:** Kreuz- und Rückenschmerzen, Kopfschmerzen, Spannungskopfschmerzen durch Gefäßverengung, Ischiasschmerzen, Muskelschmerzen.

- **Metabolisch:** erhöhter Blutzuckerspiegel (Hyperglykämie), innerzellulär vermehrtes Calcium, Calciummangel, Magnesiummangel, Abmagerung (Anorexie) oder Appetitverlust, Übelkeit und Erbrechen.

Prof. Fehlinger weist darauf hin, dass besonders geklagt wird über **'unspezifische reizbare Schwäche',** hinter denen oft dominierende Depressionen, Ängste, Panikattacken zu finden sind, aber auch quälendes Suchen und Grübeln, ob dahinter eine sehr ernste Krankheit stecken könnte (Hypochondrien, mehr dazu http://www.magnesium-hilfe.de/faq.php?q_lang=de#SymptomsMgDef)

Mehr über Krankheiten, die mit Magnesiummangel zusammenhängen: http://www.vitaswing.de/gesund/magnesium/magnesiummangelfolgen.htm

Ergiebige Fundquellen hierfür sind vor allem englisch-sprachige Seiten, z.B. http://www.mgwater.com/ oder http://magnesiumforlife.com/

Bei Magnesiummangelstörungen/Erkrankungen sollte daher als Therapie immer auch (neben evtl. anderen Maßnahmen) eine **tägliche Magnesiumzufuhr (700-1200 mg)** erfolgen. Dies kann teilweise erfolgen

- Oral (z.B. über den ionisierten Magnesium-Drink) über das Elektrolysewasser.

- Durch Inhalation: vor allem bei Lungenbeschwerden

- Durch Hauteinreibungen (transdermal)

- Fuß-, Hand-, Ganzköperbäder

Mehr dazu: http://magnesiumforlife.com/how-can-you-use-the-magnesium/

☞ Die **äußere (transdermale) Magnesiumergänzung über die Haut** - z.B. durch Vollbad, Fußbäder, Handbäder oder Besprühen von Körperteilen mit in Wasser aufgelöstem Magnesiumchlorid - ist eine der effektivsten, raschesten und preisgünstigsten Möglichkeiten, einem noch so starken und chronischen Magnesiummangel in wenigen Monaten abzuhelfen.

Mehr über rechte Aufnahme von Magnesium und Auffüllen der Magnesiumdepots im Körper: http://www.vitaswing.de/gesund/magnesium/magnesiumsubstitution.htm

Zusätzliche Wirkungen des H_2-Wasserstoffgases im Magnesium-Power-Drink

Wenn beim H_2-Magnesium-Power-Drink zusammen mit dem puren ionisierten Magnesium noch das dabei ☞ entstehende H_2-Wasserstoffgaswasser direkt mit Trinkhalm abgesaugt wird, können auch dessen spezifische H_2-Wirkungen (s. S. 65) noch eine beachtenswerte Zusatzrolle einnehmen.

Will man das H_2-Wasserstoffgaswasser nicht sofort mittels Trinkhalm absaugen und trinken, kann man sich einen möglichst wasserstoffgasreichen, **basischen H_2-Magnesium -Drink** für späteren Tagesverbrauch zubereiten. Dazu sollte man mittels einer 50 oder 100 ml Spritze mit stumpfer, langer Kanüle an der Kathoden-Elektrode das hochperlende Wasserstoffgaswasser innerhalb von 2 Minuten absaugen und sofort in eine Glasflasche umfüllen.

Den abgefüllten, ionisierten H_2-Magnesium-Power-Drink sollte man möglichst in den nächsten paar Stunden trinken, denn das überaus leichte Wasserstoffgas entschwindet schon zu ca. der Hälfte innerhalb von 3 Stunden in die Luft. Vom Wasserstoffgas hängt aber die Power dieses Magnesium-Drinks ab!

Potentielle H_2-Zusatzwirkungen wurden in den obigen Kapiteln behandelt:

- Subjektive Wirk-Kennzeichen von H2-Basenwasser, S. 62
- Wirkungen von basischem H2-Wasser S. 63
- Antioxidatives Potenzial von H2-Wasserstoffgas S. 65
- H_2-Wirkungen gegen Krankheiten S.69

Ob und inwieweit solche potentiellen Zusatzwirkungen beim H_2-Magnesium-Power-Drink tatsächlich zutreffen, ist mangels klinischer Tests weder belegbar noch widerlegbar. Als Arbeitshypothese dürften sie für experimentalfreudige Anwender eines H_2-Wasserionierers durchaus für Eigenforschungen nützlich und fruchtbar sein.

Lebensmittelrechtlich wird ein solcher H_2-Magnesium-Power-Drink noch als ‚Trinkwasser' eingestuft…

Portionsweise Einnahme von Magnesium

Der Magnesiumspezialist Dr. Marc Sircus empfiehlt angesichts des heute weit verbreiteten Magnesiummangels als **tägliche, durchschnittliche Magnesiumdosis 700 Milligramm.** So viel nimmt der Körper bei oraler Aufnahme jedoch nicht an, sondern meist nur 30 bis 40%.

Nur dann, **wenn das Magnesium in kleinen Portionen über den Tag verteilt eingenommen wird, nimmt der Körper mehr auf.** Daher ist es auch **besser, wasserstoffreiches, basisches Wasser mit erhöhten Magnesiumgehalt tagsüber in mehreren kleineren Mengen zu trinken, als die gesamte Menge auf einmal.**

Führt man dem Körper auf einmal zuviel Magnesium zu, dann reagiert er mit weichem Stuhlgang oder auch mit Durchfall. Was er also vom Magnesium nicht verarbeiten kann, scheidet er wieder aus. Das gilt auch dann, wenn man zuviel Magnesium ins Elektrolysewasser gibt.

Grundsätzlich empfehle ich, nur so viel Magnesiumchloridpulver bzw. Magnesiumöl ins Elektrolysewasser zu geben, wie es dem eigenen Geschmacksempfinden entgegenkommt - und keinen Durchfall erzeugt. Falls Durchfall auftritt, einfach die Dosis reduzieren!

Bei einer oralen Nahrungsergänzung nützt es nur wenig, wenn man mit einer einzigen Portion von 400 oder 600 Milligramm Magnesium pro Tag den Magnesiumbedarf decken möchte. Die **Wirksamkeit der**

Magnesiumaufnahme steht nämlich im umgekehrten Verhältnis zur Quantität der Magnesiumaufnahme. Das heißt, wenn man 400 Milligramm Magnesium auf einmal einnimmt, dann resorbiert der Körper davon lediglich ca. 40 Prozent. Nimmt man aber mehrmals täglich weniger als 200 Milligramm Magnesium ein, dann wird der Organismus davon jeweils 75 Prozent verwerten können – natürlich nur, wenn es sich um hochwertiges Magnesium handelt. Es ist also **wichtig, die Gesamtdosis in mehrere Portionen aufzuteilen und diese über den Tag verteilt einzunehmen.**

Transdermale Magnesiumanwendung

Wer Magnesiummangel hat, kann diesen Mangel allerdings leider kaum mit oral verabreichtem Magnesium decken.

Einfacher, sicherer und ohne Durchfall zu erzeugen, **kann Magnesiumchlorid durch die Haut (transdermal) in vollem Umfang aufgenommen** werden, ohne dabei weichen Stuhl oder Durchfall herbeizuführen, wie dies bei oraler Überdosierung geschieht.

Für transdermale Anwendungen wird Magnesiumchlorid meist als 30% oder 31%-ige Lösung (= ‚Magnesiumöl‘) verwendet, die auf die Haut gesprüht oder verrieben wird. Man sollte es ca. 20 Minuten auf der **Haut einwirken lassen und die Kristallschicht auf der Haut danach abduschen oder abwaschen.** Wen die Kristallkruste nicht stört, kann sie auch auf der Haut lassen.

Sollte diese 31%ige Konzentration als zu stark auf der Haut empfunden werden (Brenngefühl), so kann man es soweit verdünnen, bis es nicht mehr brennt.

pH bis 10.5 für Haushalt, Tiere, Pflanzen

Die bisherigen Ausführungen über die Anwendung von ionsiertem basischen Aktivwasser und H_2-Power-Drinks bezogen sich auf H_2-reiches basisches Wasser zwischen pH 8.0 bis ca. 10.5. für überwiegend vital-gesundheitliche Zwecke.

Auch schon in diesem pH-Bereich gibt es vielerlei andere Anwendungszwecke im Haushalt, bei Tieren und Pflanzen. Einige schildere ich nachfolgend.

Erforderlicher Mineralienzusatz

Weil der H_2-Wasserionisierer aufgrund seiner schmalen Draht-Elektroden wenig geeignet ist, aus normalem Leitungs- oder Trinkwasser mit seinen evtl. geringen Mineralgehalten ausreichend basisches oder saures Wasser zu erzeugen, sollte immer etwas Mineralsalz dem Elektrolysewasser beigefügt werden.

Am besten verwendet man

- für Menschen, Tiere und Pflanzen unraffiniertes, naturbelassenes Meersalz oder Steinsalz mit den darin enthaltenen elementaren Mineralien und Spurenelementen.
- Für Haushaltsanwendungen (z.B. Reinigungs- und Desinfrektionszwecke) ist auch preiswerteres Siede- oder Kochsalz geeignet.

Schon 1-2 Gramm Salz in 1 Liter Wasser reichen aus, um innerhalb von 1-2 Minuten Elektrolysedauer 650 ml basisches Katholytwasser im pH-Bereich zwischen 8.5 und 10.5. herzustellen.

Die Tabellen 03 (S. 206) und 04 (S. 207) geben ungefähre Anhaltspunkte, wie lange die Elektrolyse benötigt, um bestimmte pH-Konzentrationen zu erreichen.

Ionisiertes basisches Aktivwasser (Katholytwasser bis pH 10.5) eignet sich außer für Hygiene- und Gesundheitszwecke auch gut für Kochen, Haushalt, Reinigung oder Pflanzendüngung. Hierzu einige Anregungen:

Lebensmittel in Katholytwasser weichmachen

Ionisiertes Katholytwasser ist sehr weich. Wenn man weiches Wasser braucht, kann man das Katholytwasser (für Kaffee, Tee kochen, Wäsche usw.) gebrauchen. Vor der Anwendung wartet man ab, bis sich die Zusätze absetzen.

- **Reis** 30 bis 60 Minuten vor dem Kochen in basischem Katholytwasser einweichen.

- **Gemüse** in basischem Katholytwasser kochen. Früher gab man (basisches) Kaisernatron ins Gemüse, um Farbe und Geschmack zu erhalten und evtl. bitteren Beigeschmack zu mildern.

- **Fleisch** 10 Minuten vor dem Kochen in basischem Katholytwasser einweichen. Es wird zarter.

- **Alkoholische Drinks und Cocktails** mit basischem Katholytwasser mixen.
  Sie werden milder, der Geschmack kommt besser zur Geltung.

Kochzeit verkürzen

Ionisiertes basisches Katholytwasser bis pH 10.5

- **verbessert auch die Wärmeleitung** aufgrund der darin konzentrierten basischen Mineralien. Dies verkürzt die Garzeit und verringert damit auch die Energiekosten der Zubereitung. Wegen der kürzeren Garzeit aber darauf achten, die Gerichte nicht zu überkochen!

- **macht Materialen schnell weich**, löst sie evtl. auf, d.h: es verkürzt die Kochzeit bei harten Materialien; verringert die Starre von wilden Pflanzen, z.B. Farnkräutern, Bambussprösslingen etc.

- beschleunigt das **Vorkochen** von Gemüse und Kochen von grünem Gemüse: Spinat, Brechbohnen, Brokkoli und anderms Gemüse.

Geruchsbindung, Geruchsverminderung

Ionisiertes basisches Katholytwasser bis pH 10.5

- bindet Fischgeruch; Fisch lässt sich damit auch gut garen.

- entzieht der Leber oder anderen unangenehm riechenden Fleischsorten (wie Hammelfleisch) Blut und reduziert starke Gerüche. Dazu **Leber und verschiedene Fleischsorten** für 20-30 Minuten in Katholyt einlegen.

Geschmacksverbesserung

Ionisiertes basisches Katholytwasser bis pH 10.5

- bringt durch seine Lösungseigenschaften den **natürlichen Geschmack der Zutaten** besser zur Entfaltung. Sorgt für einen herrlich milden Geschmack.

- sorgt bei **schwarzem Tee** für einen milderen Geschmack und eine kräftige Farbe. Es eliminiert den häufig bitteren Nachgeschmack von Tees. Der Tee schmeckt auch gut, selbst wenn er kalt getrunken wird.

- bewirkt bei **Kaffee** und **Tee** Aroma- und Geschmacksverbesserung, erhält aber die natürliche säuerliche Note.

- macht **Bier und Spirituosen** milder, wenn man sie mit 5-20% angewärmtem Katholyt verdünnt. Das Bier wirkt milder, ohne seinen Geschmack zu verlieren.

- verleiht **Whisky (bzw. Schnäpsen, Likören)** durch Verdünnen mit Katholyt einen weicheren, milderen Geschmack.

- verbessert beim Kochen von **Suppen** den Geschmack der Suppeninhalte, auch wenn nur wenig Würze verwendet wird.

- macht **Würzmittel und Gewürze** kräftiger, feiner, z.B. bei Soja-Sauce und anderen stark gewürzten Saucen. Die übliche Menge kann um ein Drittel bis ein Viertel reduziert werden.

- Entfaltet bei **Kochgerichten** den natürlichen Geschmack der Zutaten und verleiht diesen eine zartere Konsistenz. Die Würzmittelmenge kann man daher vermindern, da beim Kochen weniger Würze erforderlich ist.

- verbessert bei **vorgekochtem Gemüse**, wie Schwarzwurzeln, Zwiebeln, Bambussprossen usw. den Geschmack.

- verbessert die Wirkung von Eiswürfeln (für alkoholische Getränke).

Alkohol-Kater abschwächen

- **Schnäpse** sind stark säurehaltige Getränke. Durch Verdünnen mit basischem Katholyt bis pH 10.5 lässt sich (bedingt durch die alkalischen Eigenschaften) die Wahrscheinlichkeit eines **Katzenjammers** reduzieren.

- **Ausnüchterung**: Nach Alkoholgenuss 2 Gläser Katholyt bis pH 10.5 am Abend und am nächsten Morgen auf nüchternen Magen trinken, kann Symptome eines bevorstehenden ‚Katers‘ lindern.

Farberhaltung / Farbintensivierung

Ionisiertes basisches Katholytwasser bis pH 10.5

- verhindert bei **grünem Tee** das bräunende Tannin. Bewirkt eine kräftige Farbe.

- gibt **Kaffee und schwarzem Tee** eine ansprechendere Farbe.

- erhält beim **Abkochen von grünem Gemüse,** z.B. von Spinat, Brennesseln, Brechbohnen, Brokkoli und anderem Gemüse deren lebendig-grüne Farbe.

- ist zum **Färben** von Kleidung und anderer Handarbeitsware bestens geeignet. Es erzeugt beeindruckend lebendige Farben!

Pflanzenkeimung, Düngung, Vitalisierung

Ionisiertes basisches Katholytwasser bis pH 10.5

- fördert (bei pH 9.0) **Keimen, Wachstum, Widerstandsfähigkeit** gegen Schädlinge und die **Gesundheit.**

- düngt im **Gießwasser** Pflanzen mit basischen Mineralien, verbessert ihr Wachstum und das Blühen von Zimmerpflanzen. Bestimmte Blumen, Bäume und Sträucher wie Rosen und Blaubeere bevorzugen aber ein saures Umfeld. Bei solchen Pflanzen den Stamm befeuchten oder die Pflanze mit einer um 300% verdünnten Lösung begießen.

- lässt **Samen rascher und kräftiger keimen.** Frisch ausgekeimte Pflanzen damit begießen stimuliert das Wachstum.

- lässt **Gerste für Malz** gut aufbereiten.

- verbessert Nahrungsaufbereitung für Bienen.

- dient **zur Blattdüngung** durch Besprühen.

Revitalisierung bei Pflanzen

- Abgeschnittene Blumen bzw. geerntete Pflanzen lassen sich durch Beigabe von Katholyt bis pH 10.5 ins Wasser bzw. durch Einlegen in wasserstoffgasreiches Wasser länger frisch halten bzw. sogar wieder revitalisieren.

- Die Enden der Stiele von verwelkten Blumen und frischem Gemüse abschneiden und in das Katholyt (ungefähr 8-9 pH) eintauchen. Blumen und Gemüse werden frisch, vitalisiert; sie halten danach länger.

Wirkungen bei Tieren

Wirkungen von Katholyt bis pH 8.5 **bei Tieren:**
- Wachstumsförderung für Jungvieh, z.B. Kälber.
- Appetit, Futteraufnahme und Gewicht nehmen rascher zu.

- Höhere und gesündere Produktivität.
- Energie und Widerstandsfähigkeit gegen Krankheiten erhöhen sich.
- Die Krankheits- und Sterberate bei Nutzvieh wird verringert
- Unangenehmer Körpergeruch sowie übelriechender Kot und Urin nehmen ab.

Haustiere bzw. Nutzvieh, besonders heranwachsende Tiere, tränkt man regelmäßig, aber nicht öfter als 1-2 mal pro Woche mit Katholyt in schwacher Konzentration (pH 7.5 - 8.5). Katholyt mit pH Wert von 10 bis 11 erzielte bei Versuchen jedoch keinen nutzbringenden Effekt.

Die gesamte Wassermenge soll 10 g pro kg Lebendgewicht nicht übersteigen. Am Tränktag alle 1,5 Stunden zwischen den Futterzeiten tränken. Es empfiehlt sich, das trockene Futter mit Katholyt zu besprühen.

pH > 11,0 für Haushalt, Tiere, Pflanzen

Für die nachfolgenden Zwecke kann man statt naturbelassenem Meer- oder Steinsalz das billigere Siede- oder Kochsalz – also pures Natriumchlorid - verwenden.

Dann enthält das basisches Katholyt-Wasser bei der Elektrolyse vor allem verstärkt Natriumionen, das saure Wasser vor allem Chlorionen.

Schon mit geringen Mengen (1-3 Gramm pro Liter Wasser) lassen sich im H_2-Wasserionisierer enorm rasch hohe basische pH-Wasserwerte und tiefe, saure pH-Anolytwerte (mit Chlordioxid) erzeugen. (s. Anhang S. 205)

Reinigung, Entfettung durch Katholyt (> pH 11,0)

Hochbasisches Wasser ab pH 11 schmeckt fischig, ab pH-Wert 12 seifig nach Natronlauge. Es kann in der Tat auch **☞ wie Natronlauge als Seife für Reinigungs-, aber auch für Desinfektionszwecke und für viele andere Anwendungen** genutzt werden.

Es entfettet und säubert Oberflächen und Gegenstände nicht schlechter als 1-1,5% Natriumlauge. Seine Anwendung hinterlässt eine glänzende, schützende, leicht fettende Oberfläche.

Es sind vielerlei Reinigungszwecke damit möglich:

- **Fenster und Glas** zuerst anfeuchten oder besprühen, etwas abwarten und dann mit Wasser abwaschen.
- **Stark beschmutzte Oberflächen** z.B. Glas, Fliesen, Toiletten, Duschkabinen, Möbel, Fußböden etc. mit Katholyt gut anfeuchten

oder besprühen und 1-2 Stunden abwarten. Danach die Oberflächen mit einfachem Wasser abwaschen.

- **Reinigt wie Seife** wirksam von Schmutz, z.B. beim Abspülen, Reinigen von Gegenständen, Oberflächen, Küche, Bad, Toilette, Parkettboden, Teppichböden, Auto, Vorratsräume, Spielzeug etc.

- **Entfernt Flecken** von Kaffee, Soja-Sauce, Fett und Öl durch das besonders hohe Absorptionsvermögen gut aus Stoffen, Kleidern, Teppichen, Vorhängen, Tapeten o.ä.

- Entfettet, emulgiert **Öl und Fett,** z.B. an Dunstabzugsöffnungen, Luftfiltern, öligem Schmutz, Ölfiltern

- Entfernt **Proteine (Eiweißablagerungen)**, die unerwünschtes Bakterienwachstum fördern.

Desinfektion, Entkeimung, Entgiftung

Ionisiertes basisches Katholyt über pH 11 besitzt außer Reinigungswirkungen überdies auch noch **desinfizierende, bakterizide Eigenschaften**. Daher eignet es sich gut (wie starkes A-CDL) u.a.

- für **Spülung von Mund, Nase, Hals,** weil dabei schädliche Mikroben, Toxine, Allergene vernichtet werden.

- zum gleichzeitigen **Reinigen/Waschen/Desinfizieren von Haut, Gesicht, Händen.** Die Haut erhält eine weichmachende, leicht fettende Schutzschicht.

- zur **Lebensmittelzubereitung**, z.B. von frischem Fisch, Fleisch, Gemüse, Salate, Obst.

- für **Hygiene** in wichtigen Bereichen, z.B. bei Abwaschtüchern, Schneidbrettern, Besteck, Geschirr, klinischen Instrumenten, Kinderspielzeug, PC-Tastatur, Oberflächen, Toiletten, (Bett)Wäsche etc.

- Herausziehen von **fettlöslichen, giftigen Substanzen,** Schwermetallen, Pestiziden, z.B. aus dem Wasser, aus Lebensmitteln und Körpern.

Einsparung von Hygiene- und Reinigungsmitteln

Wird stark basisches ionisiertes Katholyt vielseitig eingesetzt,
- **spart es Kosten** z.B. für Seife, Haarwaschmittel, Zahnpasta, Fensterputzmittel, Geschirrspülmittel, Waschmittel, Waschmaschinenmittel, Fleckenlöser, Toilettenreiniger, Desinfektionsmittel usw.

Anolyt-Chlordioxidlösung (A-CDL)

Eigenschaften von Chlordioxidlösung

Chlordioxid (ClO_2) ist ein synthetisches Gas, das **nicht** auf natürliche Weise vorkommt. Es wird als chemische Verbindung seit 1814 hergestellt. *Hamphry Davy* stellte es aus einer Reaktion von Salzsäure und Kaliumchlorat her.

Chlordioxid ist eine **chemische Verbindung aus Chlor und Sauerstoff** mit der Summenformel ClO_2. Es ist ein **Gas**, das in Wasser gelöst werden kann – es wird dann als **Chlordioxid-Lösung (CDL)**, im englischem **CDS** (Chlor Dioxide Solution), bezeichnet.

Chlordioxid-Gas ist gut wasserlöslich. In Wasser nimmt es gelb-grünliche Farbe an. Es hat einen reizenden, chlorähnlichen Geruch. Es **unterscheidet sich aber stark von Chlor**, sowohl im chemischen Aufbau wie auch in seinen Eigenschaften.

Als neutrale Chlorverbindung **geht CDL/A-CDL kaum Verbindungen mit anderen Substanzen ein**.

Abgrenzung zu anderen Chlormitteln

Es gibt ganz verschiedenen wirkende Chlorverbindungen: z. B. Chlor im NaCl (= Kochsalz) und das nützlich wirkende **Chlordioxid** (ClO_2) aber andererseits gibt es auch die gefährlichen Chlorverbindungen wie Chlorbleiche, oder Schwimmbad-Chlorierung, Salzsäure (HCl) usw. Die Verwechslungen der verschiedenen Chloranteile benützen Gegner gerne, um gegen MMS und CDL/A-CDL zu intrigieren, potentielle Nutzer abzuschrecken oder zu verwirren.

Den fundamentalen Unterschied der verschiedenen Chlorverbindungen sollte man kennen. Haushalts-Bleiche, Chlorbleiche, Schwimmbad-chlorierung sind schädlich und etwas ganz anderes als MMS oder CDL/A-CDL und wirken auch anders.

Die Herstellung von Chlordioxidlösung durch Elektrolyse oder die andersartige (üblichere) Herstellung von Chlordioxidlösung (CDL), die vor allem durch Andreas Kalcker bekannt wurde, macht in Wasser gebundenes Chlordioxid zu einem **sicheren, nebenwirkungsfreien und sehr preiswerten Desinfektions- und Entgiftungsmittel.**

Synonyme für desinfizierendes Anolyt

Für das seit Jahrzehnten durch Elektrolyse hergestellte saure Anolytwasser gibt es eine Reihe gleichsinniger Begriffe: **saures OxidWasser, Sauerwasser, saures Aktivwasser, totes Wasser, tötendes Wasser** etc. **Anolyt-Chlordioxid** weist darauf hin, dass im Anolyt i.d.R. auch Chlordioxid enthalten ist und wohl dessen desinfizierende Hauptwirkung darstellt.

Nahezu jeder Produzent benennt das ionisierte saure Wasser übrigens aus konkurrenz- und markenschutzrechtlichen Gründen anders.

Egal, wie das elektrolytisch gewonnene saure Wasser genannt werden mag, es **enthält durch Beifügung von Salz oder Magnesiumchlorid immer auch Chlordioxid**. Hauptsächlich auf dessen Wirkungen scheinen seine antimikrobiellen, desinfizierenden und entgiftenden Eigenschaften zurückzuführen sein.

☞ Im elektrolytisch hergestellten Anolytwasser fanden die sowjetischen (usbekischen) Forscher während des kalten Krieges ein Mittel, das **durch seine starke Oxidationswirkung auch die schlimmsten Bakterien, Viren und Pilze bei Menschen, Tieren und Pflanzen (nebenwirkungsfrei) abtötet**. Daher nannten sie es 'Wasser des Todes' (bzw. **Anolyt** oder 'saures Oxidwasser').

Aufgrund seiner antibiotischen, antimikrobiellen Eigenschaften eignet es sich sogar ☞ zur **großflächigen Dekontamination nach bakteriologischen und chemischen Angriffen**.

Da viele Erkenntnisse von bedeutender militärischer oder großer wirtschaftlicher Nutzwirkung waren, verschwanden die meisten Forschungsergebnisse über Anolyt in Militär- und Firmen-Archiven. Viele Forschungsergebnisse - z.B. über den ☞ **beschleunigten Abbau von Radioaktivität durch ionisiertes Wasse**r - liegen bis heute nur in russischer Sprache vor.

In einem Interview von 2003 sagte der inzwischen zum Professor an der Moskauer Akademie ernannte *Bakhir*, dass es **in ganz Russland kein Krankenhaus mehr gäbe, das diese chemiefreie Desinfektions-Technologie (elektrolytisch erzeugtes Anolyt) nicht nutzen würde**. Er habe in 5 Jahren 25.000 Geräte verkauft.

Üblicherweise verwendet man Desinfektionsmittel für äußere Anwendungen. Eine (vorsichtige!) innere Anwendung wird aber immer populärer.

Unterschiedliche Chlordioxidherstellung

Da wohl Chlordioxid im Anolyt die eigentliche Desifektionswirkung hervorruft, ist es wissenswert, welche unterschiedliche Möglichkeien es gibt, Chlordioxid relativ einfach und preiswert herzustellen.

MMS-Herstellung

Bekannt wurde Chlordioxid vor allem durch *Jim Humble*, der es aufgrund seiner vielseitigen Nutzwirkungen bei innerer und äußerer Anwendung anfangs "**Miracle Mineral Solution**" (**MMS**) nannte. Im Jahr 2011 wurde dieser Name von Jim Humble in den Namen "**Master Mineral Solution**" umgeändert.

Nach Jim Humbles Herstellungsverfahren für MMS werden die chemischen Komponenten (meist Natriumchlorit und Säure) tröpfchenweise direkt zusammengemischt, also z.B. 10 Tropfen $NaClO_2$ und 10 Tropfen HCl. Beide Chemikalien werden nacheinander in einen Glasbecher gegeben und das Glas etwas geschwenkt, sodass die beiden Flüssigkeiten miteinander reagieren können und daraus das Gas entsteht. 60-120 Sekunden später wird das Glas mit Wasser aufgefüllt. Es setzt CD frei, ist jedoch kein reines (und in Wasser gelöstes) ClO_2.

MMS hat einige weitere **Nachteile**, u.a.:

* Es ist sehr **unwahrscheinlich**, dass beide Komponenten so exakt abgemessen sind, dass die **Reaktion vollständig abläuft**.
* Die unverdünnte Mischung ist **sehr sauer.**
* Das Produkt schmeckt nicht gerade attraktiv.

Weil die MMS-Herstellungsart und die MMS-Anwendung eine Reihe von Nachteilen hat, wird Chlordioxid nun mit denselben Chemikalien meistens nach einem anderen Herstellungsverfahren produziert und in deutlicher Abgrenzung zum MMS nun **CDL = Chlordioxidlösung** bzw. **CDS = Chlordioxid Solution** genannt.

(https://www.nexus-magazin.de/artikel/lesen/mms-eine-ganzheitliche-therapie)

CDL-Herstellungsarten

Da MMS umständlich herzustellen ist und geschmacklich äußerst ‚gewöhnungsbedürftig‘ ist, suchte man nach anderen Herstellungsmethoden und vor allem nach geschmacklich akzeptableren Chlordioxid-Varianten.

Die bekannteste Nachfolgeart von MMS wird ‚Chlordioxidlösung' (CDL bzw. engl. CDS = Chlordioxidsolution) genannt.

MMS und CDL stellen Chlordioxid lediglich auf verschiedene Art aus verschiedenen Mineralien und Säuren her.

Zunächst entsteht aus der Mischung aus 28%igem Natriumchloritpulver und 4%iger Schwefel- (oder Zitronen-)Säure in einem kleinen Gefäß das sehr flüchtige Gas Chlordioxid. Stellt man diese Mischung im kleineren Gefäß (z.B. einem Reagenzglas oder Stilglas) in ein größeres Gefäß mit abgekochtem oder destilliertem Wasser und verschließt das größere Gefäß, dann nimmt das destillierte Wasser das ausgegaste Chlordioxid aus der Luft auf. Im Verlaufe von 24-36 Stunden ist das umgebende Wasser vom Chlordioxid gesättigt. Es hat dann meist eine Chlordioxidkonzentration bis 0,3% oder 3000 ppm.

Dazu siehe folgende bebilderte und beschriebene Herstellungsanleitungen:

- Nach Christoph Becker: https://www.freizahn.de/2020/12/cdl-einfach-herstellen/#more-9516

- Video: "Gurkenglasmethode" von Johann Biacsics: https://www.youtube.com/watch?v=p1JcKnzgJ68

- Video: Herstellung nach Andreas Kalcker:

  https://www.youtube.com/watch?v=jPcnwfUZqFA

Gut zusammengefasst wird diese Herstellungsart von H.C. Fricke: https://hcfricke.com/2021/01/17/cdl-cds-chlordioxid-loesung-bzw-solution-clo2-herstellung-sicherheit-potentielle-wirkungsmechanismen-mehr

☛ **_Achtung:_** Das Natriumchlorit und die Salzsäure werden als Verdünnungen **in der Regel für nichtmedizinische Anwendungen geliefert**. Man weiß nicht, welche **Verunreinigungen** oder **Zusatzstoffe** enthalten sind. **Weder die Grundstoffe noch das fertig gelieferte Produkt (bei Amazon, eBay, etc.) muss den Vorschriften eines Arzneimittelbuches entsprechen.** Deswegen ist es sinnvoll, CDS/CDL immer selber zu machen – aus entsprechend geeigneten Zutaten des Chemie-Großhandels (-> **Ph. Eur**) oder aus der Apotheke.

A-CDL durch Elektrolyse

Die **derzeitigen Herstellungsarten von CDL sind sehr viel umständlicher, teurer, riskanter und vor allem erheblich zeitaufwändiger als das nachfolgend erläuterte Elektrolyse-Verfahren im H₂-Wasserionisierer,** bei dem ☛ Chlordioxid im Anolytwasser aus preiswerteren und völlig ungefährlichen Mineralien (Salz oder Magnesiumchlorid) hergestellt wird.

Anolyt-Chlordioxid (A-CDL) wird durch Elektrolyse in der Anoden-kammer (kleine Innenkammer) eines H_2-Wasserionisierers hergestellt.

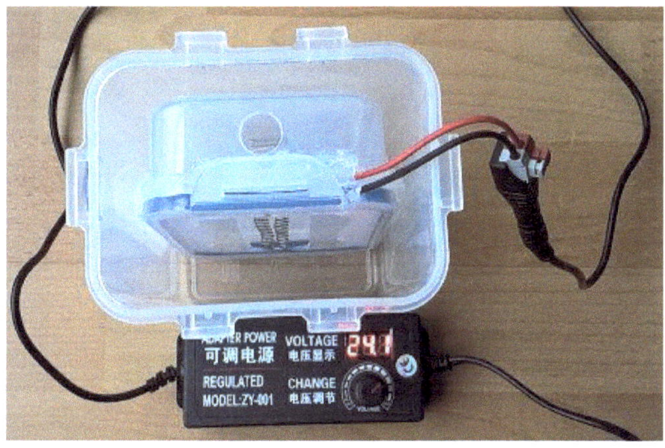

Bild: in der inneren Elektrolysekammer entstehen 350 ml saure Anolyt-Chlordioxidlö-sung, in der äußeren Elektrolysekammer entsteht 650 ml basisches Katholytwasser. Die hierbei verwendete Voltzahl ist 24,1

Durch den Elektrolyseprozess werden die basischen und sauren Mine-ralionen im Elektrolysewasser durch eine halbdurchlässige Membrane zwischen zwei Kammern getrennt.

In der kleineren, inneren Anodenkammer des H_2-Wasserionisierers sammeln sich an der (+)Elektrode die sauren Ionen. Dieses saure Was-ser (= A-CDL) enthält je nach Mineralien im Elektrolysewasser haupt-sächlich **Chlordioxid (ClO_2), kann aber auch Sauerstoff (O_2), Was-serstoffperoxid (H_2O_2) und Ozon (O_3) enthalten**. Dies sind alles stark oxidierende Gase, gebunden in Wasser.

Wenn fertiges Anolyt offen einige Minuten oder in einer Flasche ver-schlossen mehrere Stunden gelagert ist, **verflüchtigen sich die leich-ten, kaum wasserlöslichen Gase Ozon, Wasserstoffperoxid und** Sauerstoff rascher und stärker aus dem Wasser als das in Wasser gut lösliche **Chlordioxid, das als Hauptbestandteil in Anolyt übrig-bleibt**.

☛ Wegen der Abstammung des Chlordioxids aus dem Anolytwas-ser nenne ich es **Anolyt-Chlordioxidlösung = A-CDL**, um es so zu CDL aus anderen Chemikalien abzugrenzen.

Je länger die Ausgasung von Sauerstoff, Wasserstoffperoxid und Ozon erfolgen kann, desto mehr gleicht sich A-CDL der nach anderem, oben beschriebenen Verfahren hergestellten Chlordioxidlösung (CDL) an.

Aufgrund dieses Angleichungsprozesses wirkt bei CDL und A-CDL letztlich gleichermaßen das Chlordioxid als Oxidationsmittel.

☞ Die Wirkungen aller Chlordioxidlösungen sind vergleichbar.

A-CDL vs. CDL - Herstellungsvorteile

Je nach der Menge und Zusammensetzung der beigefügten Mineralien erfolgt die Chlordioxidbildung im Anolyt des H_2-Wasserionisierers unterschiedlich rasch.

Im H_2-Wasserionisierer hergestellte A-CDL bietet folgende Vorteile gegenüber 'traditionell' hergestellter CDL oder MMS:

Anolyt-Chlordioxidlösung (A-CDL)

- benötigt zur Herstellung nur etwas **Salz (NaCl)** oder ungiftiges **Magnesiumchlorid (MgCl) als Zusatz ins Elektrolysewasser**. Beide Mineralien sind **leichter und preiswerter** zu beziehen als die giftigen Substanzen Natriumchlorit oder Schwefelsäure für MMS und CDL/CDS.

- ist **einfacher und rascher als CDL in wenigen Minuten gebrauchsfertig** herstellbar. Schon nach 1-2 Minuten sind je nach MgCl-Konzentration im Anolyt Chlordioxidwerte von 10-50 ppm (parts pro million) möglich. (s. S. 204 bis 207) CDL ist dagegen je nach Herstellungsmethode erst nach 24 - 36 Stunden einsetzbar.

- kann **gebrauchsfertig gleich in der gewünschten Stärke** hergestellt werden, ohne wie CDL von 3000 ppm nach umständlicher Umrechnerei wieder auf die erwünschte niedrigere Konzentration verdünnt zu werden.

- ist **sicherer herzustellen**, da **keine giftigen Ausgangsstoffe** verwendet oder gelagert werden. Schutzkleidung und Belüftung sind nicht erforderlich, es besteht auch keine Explosionsgefahr bei Herstellung hoher ppmWerte.

- muss **nicht im Kühlschrank aufbewahrt** werden. Eine **Vorratshaltung ist an sich unnötig**, da es in Minutenschnelle vor Ort - am Krankenbett, am Arbeitsplatz, unterwegs im Auto etc. - hergestellt werden kann, sofern eine Gleichstromquelle mit 9 bis 24 Volt vorhanden ist. Diese Flexibilität kann lebensrettend sein!

- bewirkt auf Haut oder Schleimhaut selbst bei pH 1.8 **aufgrund sehr niedriger Pufferung keinerlei Verätzungen** oder bekannte Schäden!

- ☞ ist **frisch hergestellt am wirksamsten**, weil es dann außer Chlordioxid zusätzlich die noch stärkeren Oxidatoren Sauerstoff,

Wasserstoffperoxid und Ozon enthalten kann. Dies macht die Lösung vor allem gegen schädliche Gifte, Viren, Bakterien, Sporen, Pilze, Algen, tierisches Plankton und Protozoen effektiver als CDL.

- ☞kann **in 10-15 Minuten mit pH-Werten um oder unter 2.2** hergestellt (s. S. 204 bis 207) und äußerlich wie innerlich verwendet werden. Damit kann selektiv jede anaerob lebende schädliche Mikrobe in wenigen Sekunden getötet werden. Dadurch kann das Immunsystem Zeit für die eigene Abwehr gewinnen. Bei einer derartigen Radikalkur sind allerdings Herxheimer-Reaktionen zu erwarten - aber sie sind bei akuter, starker, lebensbedrohlicher Infektion das kleinere Übel.

  (s. https://de.wikipedia.org/wiki/JarischHerxheimer-Reaktion)

- ☞ kann bei pH-Werten unter 2.2 **Impfungen, Antibiotika, Korticoide u.a. antimikrobielle Mittel überflüssig** machen. Vernichtet **SARS-CoV2** und ähnliche Grippe-Coronaviren in Sekunden!

- **Multiresistente Bakterien** (z.B **MRSA**) verlieren ihren Schrecken (https://www.freizahn.de/2020/02/mehrzweckwaffe-gegen-viren-und-bakterien/#chlordioxid_wirkt_auch_gegen_mrsa)

- kann bei pH-Werten um 2.2 **Gifte** in kürzester Zeit durch starke Oxidation neutralisieren.

- hat selbst bei extrem tiefsauren pH-Werten um oder unter 2.2 noch einen **weniger sauren Geschmack als Zitronensaft**.

- ☞ist zu **unvergleichlich niedrigen Kosten** herstellbar. Für 350 ml A-CDL und gleichzeitig 650 ml Katholyt ist nur 1 Liter sauberes Wasser, 1-2 Gramm Salz oder Magnesiumchlorid und minimaler Batteriestrom (9 bis 36 V) erforderlich! Dagegen ist selbst hergestelltes oder gar gekauftes, fertiges CDL um ein Vielfaches teurer.

Zugleich werden 650 ml hochgesättigtes Wasserstoffgaswasser in der Kathodenkammer hergestellt.

☞ **Wasserstoffgas ist das stärkste Antioxidationsmittel gegen die gefährlichen Sauerstoffradikalen** (Hydroxylradikale) und ist das **perfekte Ergänzungsmittel zum oxidativen A-CDL.**

Basisches Katholyt wirkt gegen Übersäuerung und ist stark antioxidativ, vor allem gegen die gefährlichen Sauerstoffhydroxylradikale. Dies kann große Bedeutung gewinnen, wenn **G5-Strahlen zellzerstörende Sauerstoffradikale erzeugen.** Wasserstoffgas kann dann ein wichtiges Vorbeuge- und Heilmittel sein!

Kurzum, der geringe Kosten- und Arbeitsaufwand, sich einen H_2-Wasserionisierer zuzulegen, lohnt sich aufgrund der aufgezeigten Vorteile allemal!

Mineralienauswahl für A-CDL

Aus vielen Mineralien, die basische und saure Ionen enthalten, kann durch den H_2-Wasserionisierer ionisiertes saures Anolyt mit Chlordioxidanteilen hergestellt werden.

- Verwendet man entmineralisiertes destilliertes Wasser oder Umkehrosmosewasser für die Elektrolyse und fügt **ihm unraffiniertes Meersalz oder Steinsalz** bei, dann entstehen an der (+) Elektrode im sauren Anolyt u.a. stark **oxidative Gase wie Ozon, Wasserstoffperoxid, Sauerstoff und Chlordioxid**. Diese Mischung dürfte eine der stärksten oxidierenden Gas-Wasser-Lösungen sein.

- Wenn man weitgehend **entmineralisiertes Siede- oder Kochsalz** (=Natriumchlorid, NaCl) ins Elektrolysewasser gibt, konzentriert sich bei der Elektrolyse an der Kathode eine pure Natriumlösung, an der Anode eine pure Chlordioxidlösung.

- Gibt man **Magnesiumchlorid** ins Elektrolysewasser, konzentriert sich bei der Elektrolyse an der Kathode eine pure Magnesiumlösung, an der Anode eine pure Chloridioxidlösung.

Je nach beabsichtigtem Zweck kann man durch entsprechende Mineralienzusammensetzung also Chlordioxidlösungen mit oder ohne weitere Gasoxide herstellen.

Für meine persönlichen Zwecke gebe ich ins entmineralisierte Umkehrosmosewasser als Mineralienzusatz

- **Unraffiniertes, naturbelassenes Meersalz**, wenn ich eine maximal desinfizierende, entgiftende Anolytlösung für Menschen, Tiere und Pflanzen benötige.

- **Siede- oder Kochsalz (entmineralisiertes NaCl),** wenn ich ein superpreisgünstiges hochbasisches Putzmittel und ein hocheffektives Desinfektions- und Giftneutralisierungsmittel für äußere Anwendungen – z.B. im Haushalt - benötige.

- **Magnesiumchlorid,** wenn ich eine wohlschmeckende basische Magnesiumlösung und schwach gepufferte Chlordioxidlösung in beliebiger ppm-Konzentration trinken oder äußerlich verwenden möchte und die Nutzwirkungen von Magnesium erzielt werden sollen.

Diese Art der Chlordioxidherstellung ist preiswerter, sicherer und rascher, als die ‚klassische' Herstellung von CDL aus Natriumchlorit und Säuren.

A-CDL (Anolyt-Chlordioxidlösung) herstellen

Um eine möglichst reine Chlordioxidlösung ohne weitere Gasbeimischungen zu erhalten, füge ich bevorzugt **Magnesiumchlorid** entmineralisiertem Umkehrosmosewasser bei.

Herstellungsprozedur:

- in 1 Liter Umkehrosmosewasser 5 ml (=1 TL) oder 10 ml (= 2 TL) 31%iges Magnesiumöl auflösen.

- Mit diesem Elektrolysewasser zunächst die innere, kleine Wasserkammer (350 ml) befüllen und auf Dichtheit kontrollieren. Dann die größere Außenkammer (650 ml) befüllen.

- Gleichstrom einschalten (ab 9 bis 36 Volt).

- Elektrolyse so lange ausführen, bis die gewünschte Chlordioxidkonzentration erreicht ist. (Dazu eine ppm-Messung mit Chlordioxidmessstreifen vornehmen, s. S. 204 bis 207).

- Die fertige Anolyt-Chlordioxidlösung (A-CDL) in eine Glasflasche füllen, kühl und dunkel lagern.

- A-CDL schluckweise über den Tag verteilt in der gewünschten Menge trinken.

- Vor der A-CDL-Einnahme sollte vor einer Mahlzeit eine halbe Stunde, nach einer Mahlzeit ca. 1-2 Stunden Zeit bleiben.

Zur Herstellung der meistens gebrauchten CDL-Konzentration von 20-50 ppm genügen meist 2-5 Minuten Elektrolysedauer.

☞ In den Tabellen 01 bis 05 (S. 200 bis 204) sind entsprechende Erfahrungswerte aufgeführt.

Je nach verwendeter Magnesiumchloridmenge und Dauer der Elektrolyse sind pH-Werte von 6.5 bis 1.5 möglich, bzw. Chlordioxidkonzentrationen von 1 bis ca. 3000 ppm.

☞ Die Messung mit pH-Messgeräten ist einfacher, preiswerter und genauer als die Messung mit Chlordioxidmessstreifen, die meist nur relativ ungenau Konzentrationen bis 500 ppm (0 / 10 / 25 / 50 / 100 / 250 / 500 ppm) anzeigen.

Innere, orale Verwendung

Seit 2020 (Covid 19-Ausbreitung) tritt innerlich verwendete Chlordioxidlösung (CDL) einen wohl beispiellosen weltweiten Siegeszug in der alternativen Heilszene an, weil damit ausgehend von Südamerika sehr viele Covid-19-Kranke rasche Linderung und Heilung erfuhren.

Die seitdem weltweit gesammelten Desinfektionserfahrungen mit Chlordioxidlösung bei äußerer und innerer Anwendung ☞ bestätigen und erweitern eindrucksvoll, was Jahrzehnte zuvor schon über die äußere und orale Anwendung von elektrolytisch erzeugtem Anolyt nach und nach trotz aller (sowjetischen) Geheimhaltung bekannt wurde.

Elektrolytisch kann durch gezielte Mineralzufügung ins Elektrolysewasser Anolyt mit Chlordioxidanteil in jeder beliebigen Konzentration in wenigen Minuten von Laien hergestellt werden.

☞ **Alle bisher bekannten äußeren und inneren CDL-Anwendungsarten und Wirkungen sind mit elektrolytisch hergestellter Chlordioxidlösung (A-CDL) ebenfalls möglich.**

Zentralwirkungen bei innerer CDL-Anwendung

Chlordioxidlösung (CDL= engl.: CDS) hat sich schon bei geringer Konzentration (10-30 ppm) als **nebenwirkungsfreies, ungiftiges, aber höchst wirksames Oxidationsmittel** erwiesen, das zur Vorbeugung gegen pathogene Viren, Bakterien, Sporen, Pilze, Algen, tierisches Plankton und Protozoen verwendet werden kann.

Bei stärkerer Dosis (50-100 ppm) und größerer Menge kann es zur Behandlung bereits eingetretener Infektionen dienen und zugleich Gifte, z.B. Schwermetalle neutralisieren.

„Chlordioxid tötet Parasiten im Menschen, leitet Schwermetalle aus und stärkt das Immunsystem. Das Immunsystem kann dann gegen Viren, Bazillen und andere Krankheitserreger wirksam vorgehen, beziehungsweise entartende Zellen angreifen (auch Krebszellen). CDL/A-CDL ist nicht nur zur Trinkwasser-Entkeimung bedeutsam, sondern auch hilfreich zur **Entgiftung gegen Schwermetalle.** *CDL/A-CDL ist bei 90% der Krankheiten interessant.“*

(http://www.josefstocker.de/gesund11.htm, nicht mehr aufrufbar)

Ein großer Vorteil von Chlordioxidlösung ist, dass sie schon sehr lange untersucht und vielen Bereichen angewendet wird. Auch der medizinische Einsatz bei Infektionskrankheiten und seit Frühjahr 2020 auch gegen COVID-19, ist sehr umfassend erprobt.

Man nahm lange Zeit an, dass die seit Jahrzehnten bekannten Wirkungen des ionisierten sauren Wassers (Anolyt) davon abhingen, wie stark die sauren pH-Werte ausgeprägt waren. Durch die Erforschung der Chlordioxidwirkungen, die vor allem ein Verdienst des deutschen Biophysikers Andreas Kalcker sind, wird nun bekannter, ☞ dass **im Anolyt vor allem das Chlordioxid die wichtigste Rolle gegen pathogene Keime** einnehmen dürfte.

Messung der Chlordioxid- und pH-Konzentration

Will man für A-CDL die **pH-Konzentration** messen, eignen sich dafür **pH-Messstreifen** mit Messbereich von 1-14 pH. Sie sind in Apotheken oder im Internet erhältlich. (s. Bild)

Für Haushaltszwecke genügt ihre Messgenauigkeit.

Wer genauere Werte haben will, benötigt ein pH-Messgerät.

Für eine **Messung der Chlordioxidwerte** in CDL oder A-CDL sind **Chlordioxid-Teststreifen** erforderlich. (s. Bild)

Da Chlordioxid-Messstreifen meist nur 0 bis 500 pm in großen Skalierungen (0 / 10 / 25 / 50 / 100 / 250 / 500 ppm) messen, sind Messungen des pH-Wertes bei starker A-CDL zuverlässiger.

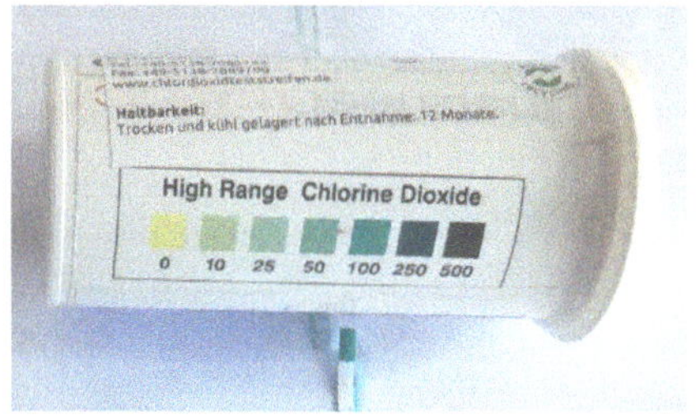

Hier eine Bezugsquelle, mit deren Teststreifen die nachfolgenden Chlordioxid-Messungen vorgenommen wurden:

- Chlordioxid -Teststreifen SENSITIV (Messbereich 0 - 10 ppm: für 0 / 0,25 / 0,5 / 1 / 3 / 5 / 10 ppm) von https://chlordioxidteststreifen.de/chlordioxidteststreifen-sensitiv-messbereich-0-10-ppm/; 39,87 €, Inhalt: 50 Stück (0,80 € je 1 Stück) inkl. MwSt. zzgl. Versandkosten.

- Chlordioxid -Teststreifen Fullrange 0-500 ppm für 0 / 10 / 25 / 50 / 100 / 250 / 500 ppm

  https://chlordioxidteststreifen.de/Chlordioxid-teststreifen-fullrange-messbereich-0-500-ppm/ 39,87 €, 50 Stück (0,80 € / 1 Stück) inkl. MwSt. zzgl. Versandkosten.

Spartipp: die Streifen kann man längs mit einer Schere teilen. Damit verdoppelt man die Anzahl der mit einer Packung möglichen Messungen.

Test-Vorgehensweise: Den Chlordioxid -Teststreifen für 2 Sekunden in die zu prüfende Chlordioxidlösung tauchen. Danach den Chlordioxid-Teststreifen nach oben zeigend aus der Flüssigkeit nehmen, dabei aber die überflüssige Flüssigkeit NICHT abstreifen. Sofort nach 2 Sekunden den Chlordioxid-Teststreifen mit der Farbskala vergleichen, um die Konzentration festzustellen. Nach 30 Sekunden bleicht der Streifen leicht aus und kann weggelegt werden.

Vielfältige Wirkungen des Chlordioxids

Die langjährigen Erfahrungen in der UdSSR, Japan und Korea mit biologisch-physiologischen Anolytwirkungen und Erkenntnisse aus der Anwendung von MMS seit 2010 bzw. CDL (Chlordioxidlösung) seit 2020 geben Hinweise auf vielerlei potentielle Wirkungen.

Da hierfür aber bislang meist klinisch validierte Untersuchungen noch fehlen, sollten folgende Wirkungsangaben aus vielerlei Quellen lediglich als Arbeits- und Forschungshypothesen angesehen werden.

Chlordioxidlösung könne je nach Konzentration

- sich gleichermaßen für **äußere wie innere Entkeimungs- und Desinfektionsanwendungen** bei Menschen und Tieren jeden Alters eignen.

- ☞ **den Sauerstoffgehalt in Blut, Geweben und Mitochondrien** erhöhen, weil die roten Blutkörperchen mehr Sauerstoff in das Gewebe abgäben. Es könne die Sauerstoffversorgung der Lunge durch venöses Blut wesentlich verbessern. Sie steigere den

Sauerstoffpartialdruck im Blut und erhöhe damit die Sauerstofftransportkapazität und Durchblutung. Der unter Druck gesetzte Sauerstoff wiederum wirke entgiftend gegen Kohlenmonoxid und **unterstütze den natürlichen Heilungsprozess** bei bakteriellen Infektionen, ischämischem Schlaganfall, Verbrennungen und Quetschungen.

- ☞ den Blutzellen sofort eine **hohe Dosis Sauerstoff zuführen**. Sie stelle die Sauerstofftransportkapazität von Hämoglobin wieder her und **beseitige die Blutgerinnung in der Lunge und Gehirnvenen**, während die gerinnungserregenden Mikroben zerstört würden.

- ☞ bei entsprechender Stärke krankmachende und genetisch mutierte **Viren, Bakterien, Sporen, Algen, Pilze aller Art durch Oxidation vernichten**. Seine Oxidationskraft sei bei pH 2.5 bis 2.2 oder tiefer und Chlordioxidkonzentration über 500 ppm-sehr hoch, es entferne Biofilme und wirke konstant bakterizid. Der Desinfizierungsgrad liege bei 99,999 %.

- **das Blut** von pathogenen Keimen **reinigen**.

- ☞ gegen **Entzündungen** und deren Auswirkungen helfen, z.B. bei Infektionen von Mundhöhle, Rachen, gegen Erkältungen, Schnupfen, Heiserkeit, Bronchitis, Zahnfleischbluten, Durchfall, Schwellungen, Hauterkrankungen (bzw. generell auch zur Hautpflege)

- bei pH 2.2-1.8 **Impfungen und chemische Antibiotika ersetzen**, da es gegen alle Infektionskrankheiten vorbeugend und heilend eingesetzt werden könne.

- ☞ **Spikes, Graphene und giftige Metalle aus Impfungen neutralisieren und ausleiten**. (https://t.me/Chlordioxid/490)

- ☞ die für die **Blutgerinnung in Gefäßen** verantwortlichen Krankheitserreger töten.

- ☞ **Schwermetalle und andere Umweltgifte und Gifte** in den menschlichen Körperzellen **oxidieren**. Sie würden durch Oxidation neutralisiert, umgewandelt, wasserlöslich, aus dem Bindegewebe gelöst, gebunden und mache sie über den Urin ausscheidbar. Auch eingelagerte Schlacken würden so entsorgt und könnten schadlos ausgeschieden werden. Allein schon diese Müllentsorgung erspare dem Körper und das Immunsystem enorme Energien, sodass die Energie nun für andere Baustellen wie Infekte mit hochresistenten Viren usw. zur Verfügung gestellt werden kann.

- **die oxidierten, abgetöteten Erreger-Überreste (Leichengifte) binden und neutralisieren**. Sie würden organgängig und können so ausgeschieden werden. Dies nehme dem gestressten Immunsystem Einiges an Arbeit ab.

- aufgrund von Giftneutralisierung das **Membranpotenzial der Zellen erhöhen**, was eine Optimierung des elektrischen Ladungszustands und bessere Leistungsfähigkeit der Zellen zur Folge habe.

- ☞ **das Immunsystem bei innerer Anwendung stimulieren** und entlaste es zugleich durch Vernichtung schädlicher Protozoen, Pilze, Viren, Bakterien, die z.B. Entzündungen, Infektionen von Mundhöhle und Rachen, Erkältungen, Schnupfen, Heiserkeit, Bronchitis, Zahnfleischbluten, Durchfall, Schwellungen, Hauterkrankungen auslösen können.

- **die Zellfunktionen** und damit das menschliche und tierische **Immunsystem unterstützen**.

- ☞ **die weißen Blutkörperchen zur Zytokinbildung anregen**, die dem Organismus als Signal dienen, Krankheitserreger anzugreifen und allergische Reaktionen zu verhindern. Innerhalb des Immunsystems aktivierte Zellen produzieren bei einem entzündlichen Prozess ihrerseits natürliche Oxidationsmittel, so Wasserstoffperoxid, Peroxynitrat und hyperchlorige Säure. Diese eliminieren dann Krankheitserreger oder Krebszellen.

- durch **Aktivierung der Mitochondrien** auch auf elektrischer Ebene den **Gesamtumsatz des Körpers deutlich anheben** (= mehr Energie!), energetisiere und beschleunige alle Körperprozesse. Lasse zusätzliche Energien frei werden, anstatt diese zu verbrauchen, wie es Medikamente aufgrund toxischer Belastung und Nebenwirkungen tun.

- ☞ **Übersäuerung von Zellen** (Azidose) **verringern,** indem sie saure Zellverbände wie Viren, Bakterien und Pilze zerstöre. Auch Krebszellen sind sauer!!

- ☞ **antikarzinogene Eigenschaften bei allen Krebsformen entfalten**. Bei vielen Krebsarten werden die Zucker verbrennenden Kraftwerke der Zellen, die Mitochondrien, abgeschaltet. Der Zucker wird dann nur noch für die alkoholische Gärung genutzt. Es kommt dabei auch zu einer starken lokalen Vergiftung mit Zelltoxinen.

- insbesondere die Funktion der **Mitochondrien stimulieren und wiederherstellen** und zusätzlichen Sauerstoff in die Zelle bringen könne. Die Tumorzellen verübten danach Selbstmord, den programmierten Zelltod (Apoptose).

- gegen zu **hohen Blutdruck** helfen.

- beruhigen, den Schlaf verbessern.

- ☞ **Nanobakterien vernichten, die an Wänden von Blutgefäßen haften** und sich durch eine kalkhaltige Schale schützen und dabei auch das Gewebe verkalken und Arteriosklerose und ähnliche Symptome auslösen.

- bei längerem Gebrauch **Mineralablagerungen** im Körper abbauen (z.B. Zahnstein, Gallen-, Nierensteine, in Gelenken = gegen Arthrose-Gelenkschmerzen).

- **die Gifte von Verbrennungen neutralisieren**, vor allem die dritten Grades, wenn sie unmittelbar (oder sogar innerhalb weniger Stunden) mit A-CDL durch Aufsprühen oder Auftragen behandelt werden. Dies kann mehrmals während eines Tages durchgeführt werden. Nach der Trocknung sei es hilfreich, mit stark wasserstoffangereichertem Katholyt die Wunde ebenfalls zu besprühen. Auch dieser Vorgang könne in kurzen Abständen wiederholt werden. Dies beschleunige den Heilungsvorgang.

- ☞ **Anti-Aging**-Wirkung ebenso wie das antioxidativ wirkende Wasserstoffgas aus der anderen Elektrolysekammer entfalten. (www.vitaswing.de/gesund/ph-milieu/wasserstoffgas.htm)

- durch die Beseitigung von vielen Entzündungsherden und Neutralisation der benebelnden Ausscheidungsprodukte solcher Keime zu einer angenehmen **Klarheit und Wachheit auf geistig-seelischer Ebene** führen und erlaube somit, evtl. lange angestaute Themen in diesen Bereichen abzuarbeiten.

Auf die Frage an Dr. Aparicio, ob er nach 10 Monaten Erfahrungen mit CDL – außer der Wirkung gegen Covid-19 - positive Nebeneffekte beobachtet habe, antwortete er: *„Ja, Ich habe eine Menge Patienten, die das Chlordioxid prophylaktisch einnehmen, und ich habe **Tausende von Nachrichten von Menschen, die von anderen Krankheiten geheilt wurden, von denen sie nichts wussten.** Ich meine, Psoriasis, (Schuppenflechte), Haarausfall und was auch immer Sie sich vorstellen können, sie **nehmen einfach die prophylaktische Dosis des Chlordioxids (30 ppm) und es geht ihnen in anderen Bereichen besser.** Und das ist sehr, sehr ermutigend, denn wir finden eine Menge Verwendungsmöglichkeiten für das Chlordioxid.*

Das Erstaunlichste, was ich in diesen 10 Monaten gesehen habe, ist die ☞ **große Bandbreite der Dosis, die man bei dem Chlordioxid verwenden kann.** *Ich glaube, es gibt **kein Medikament, das diese Toleranz (in der Dosierung) hat**. Ich meine, ein Milliliter (CDL) kann einen Unterschied ausmachen, das sind drei Milligramm, und man kann bei* *manchen Patienten bis zu 150 Milligramm verwenden und hat immer noch eine perfekte Wirkung (d.h. eine nützliche, der Gesundheit förderliche Wirkung und keine negative gesundheitliche Nebenwirkungen). So etwas gibt es bei keiner Substanz auf der Welt.* " („Positive Nebeneffekte": https://www.freizahn.de/2021/04/wenn-leben-zu-retten-das-ziel-waere/#positive_nebeneffekte_und_bandbreite)

Da Chlordioxidlösung (außer in Bolivien) nicht als Medikament zugelassen ist, kann man als Laie nur eigenverantwortlich selbst überprüfen, ob solche vielseitigen biologischen, physiologischen Wirkungen bei sich festzustellen sind und ob Chlordioxidlösung bei den gewählten ppm-Stärken und Einnahmemengen nebenwirkungsfrei ist.

Anwendungsbreite von A-CDL

CDL/A-CDL

- kann oral, und/oder intravenös, subkutan, inhalativ und intramuskulär angewendet werden. Auch rektale und vaginale Einläufe sind möglich. Einige Anwendungen dürfen nur Ärzte bzw. Heilpraktiker vornehmen (intravenös, subkutan, intramuskulär).
- Sei für jede Altersstufe anwendbar.
- Sei für eine Vielzahl von Erkrankungen zur Vorbeugung und Behandlung nützlich.
- Sei auch für Tiere und Pflanzen verwendbar.

Unschädlichkeit bei vernünftiger Dosierung

Ärztliche Anwender von CDL behaupten, **bei richtiger Dosierung und Anwendungsform könne Chlordioxidlösung gefahrlos getrunken, intravenös gegeben und auch in Flüssigkeit gebunden inhaliert werden**. Wie jedes andere Mittel oder Medikament könne es bei massiver Überdosierung zwar gesundheitsschädlich, aber kaum je tödlich sein.

Instinktiv haben die meisten Menschen zunächst große Vorbehalte oder gar Ängste, saures, anfangs noch nach Chlor und Schwimmbad-Ozon riechendes Wasser einzunehmen. Schon daher nehmen Ängstliche bzw. Vorsichtige keine starken Konzentrationen in großer Menge ein.

Positive Erfahrungen und durchaus auch vorliegende Beweise für die Ungiftigkeit und Unschädlichkeit der Chlordioxidlösung von verschiedenen Seiten werden von CDL-Gegnern bestenfalls ignoriert, meist aber mit Lügen bekämpft, ohne dafür eigene Beweise zu erbringen.

Die Vorkämpfer für die Anerkennung von Chlordioxidlösungen können viel Leidvolles darüber berichten, wie ihre Arbeit und Person bekämpft wird.

☞ **Chlordioxidgas sollte nicht eingeatmet werden,** weil es als Gas im Atemtrakt Reizungen hervorruft. **Nichtsdestoweniger darf es aber keinesfalls verwechselt werden mit Chlorgas,** das in der Tat giftig ist!

Das aus der Chlordioxidlösung (CDL/A-CDL) **ausgasende Chlordioxidgas** sollte daher beim Öffnen der Flasche nicht direkt, tief oder länger eingeatmet werden. Durch kurzes Einatmen können allerdings auch in Nase, Nebenhöhlen und Mund befindliche pathogene Erreger rasch abgetötet werden. Die Dosis machts, ob giftig oder nicht…

☞ **In Wasser gelöst, ist Chlordioxidlösung ungefährlich,** auch wenn Gegner eine angebliche Giftigkeit ständig behaupten, aber ohne je einen Beweis dafür zu präsentieren.

Biophysiker Dr. Andreas Kalcker fasst zusammen:

- Chlordioxid ist kein Giftstoff, der sich im Körper ansammelt.

- Es zerfällt, sobald es mit Krankheitserregern reagiert.

- Sollte man zu stark mit Chlordioxidgas angereicherte Luft einatmen, können allerdings Reizungen des Rachens, der Nase und der Lungen auftreten.

- Hoch konzentrierte Chlordioxidgasmengen können Augenreizungen auslösen, die aber wieder verschwinden.

- Chlordioxidlösung ist nicht krebserregend.

- Chlordioxidlösung ist nicht schädlich bezüglich der Zeugungsfähigkeit. (Andreas Kalcker, a.a.O. S. 82 f.)

☞ *„Vorliegende Toxizitätsstudien belegen, dass Chlordioxidlösung problemlos angewendet werden kann. Obwohl dieToxizität von Chlordioxid**gas** bei Inhalation hoher Dosen bekannt ist, hat es als Chlordioxid**lösung** bei oraler Einnahme in hohen Dosen seit Bekanntsein dieser Substanz vor über hundert Jahren keinen einzigen, darauf zurückführbaren klinisch nachgewiesenen Todesfall gegeben."* (A. Kalcker)

„Bisher wurde kein wissenschaftlicher Bericht gefunden, der belegt oder erwähnt, dass die orale Einnahme der wässrigen Verdünnung von Chlordioxid den Tod eines Menschen oder ein schädigendes Ereignis seiner Organe oder Systeme verursacht hat." (Risikoidentifikation: https://comusav.de/risikoidentifikation/)

> **Als Gas ist Chlordioxid giftig, während es als Chlordioxidlösung in Wasser ungiftig ist.**

Bezüglich der Ungiftigkeit von CDL ergeben jahrelange Erfahrungen und Extremversuche, dass es bei der meist angewendeten Dosierung (30 ppm = pH 6.0 bis 5.5), ja selbst bei wirklich extremer Stärke (pH 2.2 oder tiefer) und hoher ppm-Konzentration keine Schäden auslöse.

☞ Mehr dazu s. https://hcfricke.com/2021/01/17/cdl-cds-chlordioxid-loesung-bzw-solution-clo2-herstellung-sicherheit-potentielle-wirkungsmechanismen-mehr/

Frage der (Un)Giftigkeit

☞ *„CDL/A-CDL ist frei von negativen Nebenwirkungen. Es ist für gesunde Zellen*

- **nicht zytotoxisch** (kein Zellgift, wie z.B. Alkohol),
- **nicht neurotoxisch** (kein Nervengift, wie Kaffee z.B.),
- **nicht hämotoxisch** (nicht blutgiftig, wie Alkohol),
- **nicht nephrotoxisch** (nicht nierengiftig wie Cisplatin),
- **nicht hepatoxisch** (lebergiftig wie alle Zytostatika).

Selbst unrealistisch hohe Dosierungen sind ungiftig. Es verursacht keine genetischen Mutationen oder Missbildungen. "

(http://johann.dokusammlung.de/dateien/Selbsthilfe_CDL_MMS_Chlordioxid.pdf)

Selbst bei recht großen Dosierungen und Mengen scheint eine kritische Überdosierung nicht so schnell erreichbar zu sein.

Während bei den mRNA-Spritzungen schwere Nebenwirkungen und auch Todesfälle vorkommen, hat es bei den von der Ärztevereinigung COMUSAV und Andreas Kalcker empfohlenen Dosierungen, Konzentrationen und Methoden zur Anwendung von Chlordioxidlösung bisher keine Zwischenfälle, Vergiftungserscheinungen oder Todesfälle gegeben.

Mehr zur Risikoidentifikation: https://comusav.de/risikoidentifikation/

Zahnarzt Christoph Becker hat z.B. an einem Tag **zweimal je einen Liter CDL mit 20 bis 30 ppm** – morgens und abends jeweils innerhalb von 105 Minuten auf 8 Portionen von ca. 125 ml verteilt, - bei einem Abstand von 2 Stunden von der letzten und zur nächsten Mahlzeit getrunken.

Mehr dazu: "Versuche mit Chlordioxid": https://www.frei-zahn.de/2020/05/versuche-mit-chlordioxid/

Christoph Becker berichtet: *"Ich kenne auch andere Personen persönlich, die ebenfalls z. B. zweimal pro Tag eine Antiviruskur mit je einem Liter Chlordioxidlösung mit 20 bis 30 ppm versucht haben und die ebenfalls sehr angenehm von der Verträglichkeit und der heilenden Wirkung dieser Chlordioxidlösung überrascht waren."*

(s. https://www.freizahn.de/2020/04/zwei-bleichmittel-unddie-coronakrise/#erfahrungen_mit_chlordioxidCDL/A-CDL ist frei von unerwünschten Nebenwirkungen)

Risiken/Nebenwirkungen

Manche Erstanwender verspüren **Erkältungssymptome** nach Gebrauch von CDL/A-CDL. Das könne darauf zurückzuführen sein, dass vorhandene Krankheitserreger durch einen sogenannten Biofilm in Nase, Nebenhöhlen oder Lunge geschützt leben. Nach Zerstörung des Biofilms durch CDL/A-CDL sind solche Erreger ihrer Schutzhülle beraubt und aktivieren zunächst wieder Erkältungssymptome, werden aber dann durch CDL/A-CDL vernichtet.

Unerwünschte Nebenwirkungen seien bei einer hohen Konzentration und Menge wahrscheinlich

- nur bei bestimmten Stoffwechselerkrankungen (z.B. Glucose-6-phosphat-Dehydrogenase-Mangel)
- oder bei einer sich über mehrere Monate hinziehenden Anwendung ohne Unterbrechungspausen zu erwarten.

Geringe Pufferung von A-CDL

Aus Kreisen der CDL-Anhänger und Gegner wird gegen Anolyt-Chlordioxid eventuell eingewendet, es sei bei höheren Chlordioxidkonzentrationen zu sauer und fördere eher Übersäuerung.

Dabei wird aber übersehen, dass die bei der Wasserionisierung im H_2-Wasserionisierer entstehende Anolyt-Chlordioxidlösung (A-CDL) **nur sehr gering gepuffert ist**. Daher entstehen auch bei sehr niedrigen pH-Werten (z.B. bei pH 2.2 oder tiefer) **keine Verätzungen**, wie dies bei vergleichbar hoch gepufferten Säuren (z.B. bei Schwefelsäure, Magensäure etc.) der Fall wäre.

Wenn dagegen herkömmlich hergestelltes 0,3%iges (3000 ppm) CDL auf Haut und Schleimhaut gelangt, wird dies als kritisch für Haut, Schleimhaut oder Stoffe betrachtet.

Dr.Manfred Curry verwendete in seiner Klinik in Riederau am Ammersee Anolyt sogar bis zu **pH 1.7**, wenn besonders aggressive, gefährliche oder antibiotikaresistente Mikroben umfassend und extrem rasch bekämpft werden mussten.

Die spezielle Eigenschaft der geringen Pufferung eröffnet viele Anwendungsmöglichkeiten z.B. in Medizin, Wasserwirtschaft, Haushalt, Landwirtschaft, Industrie etc.

Warum Chlordioxid nur schädliche Mikroben vernichtet

Die genaue Wirkweise ist wissenschaftlich noch nicht eindeutig geklärt, aber es gibt plausible Hypothesen zur Erklärung.

Chlordioxid als selektiv oxidierendes Biozid

☞ Sowohl **menschliche Zellen, als auch gutartige Mikroben können durch Chlordioxidlösung nicht geschädigt werden**. Der Grund hierfür liege im unterschiedlichen Oxidationspotenzial von Zellen und Mikroben, welches in Volt gemessen wird.

Das Oxidationspotential von

- menschlichen Zellen liegt bei 1,30 Volt
- nützlichen Darmmikroben liegt bei 1,45 Volt

Das Oxidations-Potential von

- **Chlordioxid** (ClO_2) liegt bei 0,96 Volt.
- **Sauerstoff** (O_2) bei 1,76 Volt
- **Wasserstoffperoxid** (H_2O_2) liegt bei 1,78 Volt
- **Ozon** (O_3) liegt bei 2,07 Volt.

(Elektrochemische Spannungsreihe: https://de.wikipedia.org/wiki/Elektrochemische_Spannungsreihe#Elektrochemische_Spannungsreihe)

So gut wie alle Krankheitserreger, ob Bakterien, Viren, Pilze oder kleine Parasiten leben im sauren pH-Bereich (unter pH 6.5) und existieren fast immer ohne Sauerstoff (anaerob).

Das Redoxpotential solcher Krankheitserreger liegt mehr oder weniger weit unter 0,96 Volt. Daher können sie der Oxidationskraft von Chlordioxid mit 0,96 Volt nicht widerstehen.

(Mehr zum Redoxpotential: http://www.vitaswing.de/gesund/ph-milieu/ph-orp-werte.htm#Redoxpotential)

Chlordioxid ist ein ungemein hungriger **Elektronenräuber, der den Atomen von pathogenen Bakterien, Pilzen, Milben, Sporen, Prionen (BSE) und kleinen Parasiten oder Giftstoffen sofort fünf Elektronen entreißt**, um sich selbst diese Anzahl an fehlenden Elektronen zu verschaffen. Einen solch heftigen Elektronenraubüberfall (Oxidationsprozess) könnten die unerwünschten Mikroben nicht überleben und würden zerfallen. Es zerstöre deren biochemische Struktur.

Chlordioxid übertrage als relativ stabiles freies Radikal sein ungepaartes Elektron leicht auf DNA der pathogenen Mikroben oder Giftstoffe. Es beseitige die Bausteine des Erbguts (Guaninnukleotidbasen) der freigesetzten RNS und DNS und verhindere damit sicher die Erzeugung neuer Erregergenerationen. Deren Resistenzbildung sei unter diesen Bedingungen nicht möglich. Die DNA breche und löse so den Zelltod aus.

Durch die Wirkung von Chlordioxid würden auch die freigesetzten Ribo- und Desoxiribonukleinsäuren der pathogenen Mikroben zerstört, im speziellen ihre Guanin-Nukleidbasen. Damit werde die Bildung neuer Mikroorganismen-Generationen zuverlässig verhindert.

Andererseits besitzt Chlordioxid mit 0,96 Volt nicht die erforderliche Oxidationsstärke, um den menschlichen Zellen (1,3 V) oder den gutartigen Bakterien und Mikroben im Darm (1,45 V) schaden zu können.

„Chlordioxid reagiert mit jedem Krankheitserreger anders: Je saurer die Bakterie, desto stärker ist die chemische Oxidation mit Chlordioxid. Je weniger sauer die Erreger sind, desto schwächer fällt die Oxidation mit Chlordioxid aus. Aus diesem Grund sind die symbiontischen, nützlichen Bakterien unseres Körpers nicht betroffen, da diese in der Regel einen pH-Wert haben, der unserem Körper sehr ähnelt und somit die Symbiose ermöglicht." (A. Kalker, a.a.O. S. 78)

☞ **Aufgrund der unterschiedlichen Oxidationspotentiale könne Chlordioxid zwischen nützlichen, wichtigen und schädlichen Mikroben sehr gezielt unterscheiden.**

Chlordioxid ist also kein Giftstoff (wie die meisten Antibiotika), der im menschlichen Organismus den Stoffwechsel der gutartigen Mikroorganismen stört und sie auf diese Weise abtötet. ☞ Es gehört vielmehr zu den **oxidierenden Bioziden, die den Nährstofftransport über die Zellwände der pathogenen Erreger unterbrechen**.

Auch **Gifte** neutralisiere Chlordioxidlösung durch Oxidation.

Mehr über Chlordioxidwirkung bei COVID-19: Hypothese über den möglichen molekularen Wirkmechanismus bei SARS-CoV-2: Chlorine

Warum Chlordioxid größere Pathogene nicht zerstört

Die **Größe von pathogenen Erregern** spiele für die Widerstandsfähigkiet gegen Chlordioxid eine Rolle: „*Chlordioxidlösung ist ein **größenselektives antimikrobielles Mittel**, das mikroskopisch kleine Organismen schnell abtöten kann, **aber viel größeren Organismen wie Tieren oder Menschen keinen wirklichen Schaden zufügen kann**, da es nicht in der Lage ist, tief in deren lebendes Gewebe einzudringen.*"

Mehrzellige größere Parasiten wie Taenien (Bandwürmer), Askariden (Spulwürmer) und Hefepilze schwäche und dezimiere Chlordioxid zwar, in der Regel seien sie aber durch die A-CDL-Anwendung nicht auszurotten.

Oxidationspotential von Sauerstoff

Nicht nur das Oxidationspotential von **Chlordioxid** (ClO_2) bei 0,96 Volt, sondern **das noch stärkere Oxidationspotential von Sauerstoff (O_2) bei 1,76 Volt vernichtet schädliche Mikroben im sauren Bereich**.

Bei der Elektrolyse wird im sauren Anolyt außer Chlordioxid (ClO_2) auch Sauerstoff (O_1 und O_2) erzeugt. **Beide Gasarten sind negativ elektrisch geladen und sehr reaktionsfähig**. Sie streben zum Ausgleich immer zu einer positiven Ladung – und rauben diese Ionen aus anderen Atomen.

☞ **Chlordioxid setzt beim Zerfall Sauerstoff in den sauren Bereichen des Körpers frei**, ähnlich wie es auch die roten Blutkörperchern machen, nur wesentlich leistungsfähiger.

Die meisten Krankheiten hängen mit einer Übersäuerung unseres Körpers zusammen. **Chlordioxid setze genau dort Sauerstoff frei, wo sich die sauren Krankheitserreger befinden und bewirke deren Oxidation, d.h. Verbrennung**.

Chlordioxid erzeuge beim Kontakt mit anaeroben Viren, Bakterien und Pilzen **atomaren Sauerstoff (O_1), durch welchen die Schutzmembranen der meisten Mikroorganismen aufgebrochen** werde Der freigesetzte Sauerstoff reagiert und oxidiert dabei alle sauren Komponenten oder Giftstoffe, die sich im Blut oder im Zwischengewebe befinden.

Chlordioxid versorgt den Körper mit sehr viel zusätzlichem Sauerstoff, was mehrere positive Effekte mit sich bringe.

- Dadurch wird z.B. der natürliche Fluss des Blutes wiederhergestellt
- Nährstoffe und Sauerstoff können besser und schneller zu den Zellen transportiert werden
- Schad- und Abfallstoffe können besser entsorgt werden.
- die Energieproduktion der Mitochondrien wird erhöht, was u.a. auch zur Optimierung der Selbstheilungs- und Abwehrkräfte des Organismus führt. (Quelle: https://paradigma-konferenz.com/)

Mehr dazu: https://hcfricke.com/2021/01/17/cdl-cds-chlordioxid-loesung-bzwsolution-clo2-herstellung-sicherheit-potentielle-wirkungsmechanismen-mehr/

Wasserstoffperoxid oder Ozon als weitere oxidative Biozide

Im sauren Milieu lebende Mikroben haben dem noch höheren Oxidationspotential (Oxidationsstärke) von Wasserstoffperoxid (1,78 V) und Ozon (2,07 V) noch weniger Widerstandskraft als gegen Chlordioxid oder Sauerstoff entgegenzusetzen. Sie werden daher von diesen oxidativen Gasen noch rascher zerstört.

Das Oxidationspotential von

- menschlichen Zellen liegt bei 1,30 Volt
- nützlichen Darmmikroben liegt bei 1,45 Volt

Daher können Wasserstoffperoxid (1,78 V) und Ozon (2,07 V) aufgrund ihrer Oxidationsstärke neben schädlichen, anaeroben auch nützliche aerobe Mikroben und Zellen vernichten.

Wann sollten diese starken oxidativen Biozide allenfalls eingesetzt werden?

Wenn es z.B. im akuten Infektionsgeschehen wichtig ist, sehr rasch und ohne Rücksicht auf geringe Kollateralschäden (bei nützlichen Mikroben) eine sehr starke Oxidationskraft gegen schädliche Gifte und gefährliche Mikroben einzusetzen, dann ist ganz frisch hergestelltes A-CDL mit dem darin befindlichen **Sauerstoff, Wasserstoffperoxid und Ozon** dem ‚normalen' CDL als Mittel der Wahl wohl deutlich überlegen.

Gebrauchsanleitung für A-CDL

Geschmackswechsel je nach Konzentration

A-CDL schmeckt nach 1-2 Minuten Elektrolysedauer noch nach Ozon und Chlor, aber nur gering säuerlich. Nach drei oder mehr Minuten Elektrolyse verschwindet der Ozon/Chlorgeschmack und es schmeckt nur noch säuerlich. Selbst A-CDL mit sehr tiefen pH-Werten (unter 2.5) schmeckt noch nicht annähernd so sauer wie z.B. Zitronensaft.

Zwar könnte man den Geschmack durch Befügen von Säften variieren und für eigene Geschmacksvorstellungen angenehmer machen, aber wenn z.B. Fruchtsäfte antioxidativ sind, dann mindert das die oxidative Wirkung der A-CDL.

Andreas Kalcker empfiehlt, *„Chlordioxidlösung nicht zu mischen mit Kaffee, Alkohol, Bikarbonat, Vitamin C, Ascorbinsäure, Orangensaft, Konservierungs- oder Nahrungsergänzungsmitteln (Antioxidationsmittel). Auch wenn sie normalerweise keine Wechselwirksungen vorweisen, können sie die Wirkung von Chlordioxid neutralisieren."* *(a.a.O. S. 137)*

Schrittweise Steigerung von Dosis und Menge

☞ Auf eine präzise A-CDL-Konzentration und Menge kommt es wohl seltener an, denn differenzierte Angaben zur pH-Stärke und Dosis zu machen, ist wenig sinnvoll, weil sehr viele Faktoren zu berücksichtigen wären. Daher kann man lediglich empfehlen, ☞ zunächst **mit geringen Konzentrationen (10-20 ppm, pH < 5.0) zu beginnen** und Konzentration und Menge je nach Verträglichkeit langsam zu steigern.

Das Ziel ist, dem Körper Gelegenheit zu geben, anaerobe, im sauren Milieu lebende Erreger schichtweise zu eliminieren, und danach die abgetöteten Erreger, deren Schadstoffe und die neutralisierten Gifte auszuleiten.

☞ **Treten keine negativen Reaktionen auf, kann man die Konzentration und Menge nach und nach erhöhen.**

Je nach Zweck kann dann eine höhere Dosis auf einmal oder viele kleine Dosen über den Tag verteilt eingenommen werden.

Grundregel: *„Je kränker eine Person ist, umso mehr giftige Rückstände befinden sich in dessen Körper. Aus diesem Grunde sollten die Dosis und Einnahmemenge von Chlordioxid nur schrittweise erhöht* *werden. Die Dosis hängt mehr vom Gesundheitszustand als vom Körpergewicht des Menschen ab."* (A. Kalcker, a.a.O. S. 69)

☞ Das **eigene Körperempfinden, die Verträglichkeit und vor allem die Reaktionen auf CDL/A-CDL sollten den Maßstab für die Dosierung** und Anwendungsdauer bilden.

Nochmals zur Erinnerung: Christoph Becker hat z.B. an einem Tag **zweimal je einen Liter CDL mit 20 bis 30 ppm** - jeweils innerhalb von 105 Minuten auf 8 Portionen von ca. 125 ml verteilt, - bei einem Abstand von 2 Stunden von der letzten und zur nächsten Mahlzeit getrunken. - Und er hat keinen Schaden davon genommen...

Einnahmezeit

Man soll A-CDL möglichst

- auf nüchternen Magen bzw. erst 1 Stunde nach einer Mahlzeit

- spätestens 1/2 Stunde vor einer Mahlzeit einnehmen, damit es keine Speisen oxidiert, sondern die Oxidation nur an pathogenen Viren, Bakterien und Pilzen vornimmt.

- Antioxidative Früchte, Gemüse, Getränke oder Mittel sollten ebenfalls nur mit zeitlichem Abstand von ½ bis 1 Stunde zu sich genommen werden, um die oxidative Wirkung des CDL nicht zu blockieren.

Speziell zu vermeiden wären auch:

- die gleichzeitige Verwendung von **Antioxidantien**, da diese dem oxidativen CDL/A-CDL entgegenwirken.

- alle Formen von **Vitamin C** (Ascorbate).

- **Säfte mit Antioxidationsmitteln**, dann sollte man einige Stunden warten oder sie besser ganz vermeiden.

- alle Phenol- und Thiol-Verbindungen, also Cystein & Methionin,

- Alpha-Liponsäure, Gluthation, N-Acetyl-Cystein, DMPS, DMSA.

Einnahmedauer

Wie lange man CDL/A-CDL benutzt, hängt von der jeweiligen Krankheit und Dosis ab. Bei schwachen Dosierungen (ppm 10-20. pH 5.0 bis 3.0) könne problemlos mehrere Wochen lang die Behandlung erfolgen.

☞ Solange man es für nötig hält, kann man CDL/A-CDL also anwenden. Man sollte auf seinen Körper achten, und die Lösung dann anwenden, wenn es ihm schlecht geht. Damit befördere man Sauerstoff in die sauren und kranken Zonen und unterstütze dadurch die Selbstheilungskräfte des Körpers.

Bekommt man den Eindruck, eine Pause sei für einige Tage angebracht, sollte man dies auch tun.

Schichtweiser Oxidationsvorgang

Die entstehenden Milliarden winziger Gasbläschen bei der elektrolytischen Herstellung der A-CDL erzeugen innerhalb des Elektrolysewassers einen sehr hohen Gasdruck. Dieser Gasdruck ermögliche der A-CDLösung, ähnlich dem eines osmotischen Vorganges, in die Körperzellen einzudringen, in sie zu diffundieren.

Durch die Schleimhaut von Mund, Rachen, Speiseröhre und Magen werde CDL/A-CDL innerhalb weniger Minuten ins Blut und in Zwischenzellflüssigkeiten aufgenommen (absorbiert) und gelange so auch in die Zellen und Zellinnenteile.

Das hohe Redoxpotential der A-CDLösung lässt die Lösung sehr schnell mit anderen Stoffen und Mikroben reagieren.

Sobald A-CDL innerlich und äußerlich mit anaeroben oder potentiell anaeroben Mikroben (Viren, Bakterien, Pilzen, Algen, tierischem Plankton und Protozoen) in Kontakt gelangt, vernichte es diese, indem es ihnen extrem schnell mehrere Elektronen entreiße. Durch diesen Oxidationsvorgang zerstöre sie bei den betroffenen Mikroben die Hülle und vernichte sie dadurch. Der Oxidationsvorgang durch Elektronenraub geschehe dabei so rasch, dass die betroffenen **Mikroben keine Resistenz aufbauen und auch keine Sporen zum Überleben bilden können**.

Bevor die Lösung in die entsprechende Körperzelle diffundieren könne, reagiere sie auf dem Weg bis dorthin mit Allem, was als körperfremd erkannt wird. Sind zu viele körperfremde Zellen auf diesem Weg vorhanden, kann es sein, dass die Wirkung der A-CDL für die eigentlich bestimmte Körperzelle schon verbraucht sei.

A-CDL wirkt also wie ein Räumfahrzeug, das nur ein kurzes Arbeitspensum erledigen kann, wenn nicht ständig A-CDL-Nachschub kommt. Sie kann daher zunächst nur die erste Wegstrecke bzw. die oberen Schichten von schädlichen Mikroben und Giften befreien. Ist der Weg frei bzw. die erste Schicht entfernt, kann die nächste Wegstrecke bzw. Schicht freigemacht werden.

Mit jedem Oxidationsvorgang nehme A-CDL Elektronen auf, neutralisiere sich dabei auf seinem Weg in den Körper und zerfalle letztlich in Wasser, Salz und Sauerstoff.

☞ Daher sollte A-CDL **anfangs in schwacher Konzentration (z.B. 10-20 ppm, pH 5.0 – 3.0), aber in größerer Menge** (z.B. ½ - 1 Liter) angewendet werden, damit eine grosse Oberfläche benetzt und entkeimt werden kann. Damit sei ein gleichmäßiger Abtrag der Schadstoffe und Reduzierung der Pathogene besser zu erreichen. Erst nachdem eine Grundreinigung erfolgt sei, könne A-CDL umfassend in die Zellen des eigentlichen Zieles eindringen und dort reinigend, entgiftend und entkeimend wirken. Der positive Effekt der Anwendung kann sich somit erst nach einiger Zeit einstellen, weil alles schichtweise vor sich gehe!

Konsequenzen für die innere Aufnahme

Üblicherweise setzt man bei Mikrobenbefall bei Pflanzen, Tieren und Menschen Antibiotika, Spritzmittel etc. anfangs hochkonzentriert an und senkt dann evtl. die Dosis. Beim Einsatz von ionisiertem A-CDL solle man umgekehrt vorgehen! Begründung hierfür:

Nimmt man A-CDL über den **Mund** (oral) auf, so nehme die Wirksamkeit vom Mund über die Speiseröhre, Magen etc. immer mehr ab, weil das Chlordioxid seine Elektronenaufnahmekapazität auf seinem Weg zunehmend erschöpfe.

Daher empfehle sich folgendes Vorgehen bei oraler Aufnahme:

- Ein Schluck A-CDL ein bis zwei Minuten im Mund umwälzen und dann aus dem Mund wieder entfernen. Dadurch werden schon viele anaerobe Mikroben im Mundraum, Rachen und Speiseröhre vernichtet und entfernt. Gleichzeitig geht ein Teil durch die Mundschleimhaut in Blut und Lymphe über und wirkt im Kopfbereich.

- Den nächsten Schluck (1-2 TL) nur noch wenige Sekunden im Mund umwälzen und dann in Kleinportionen schlucken. So erfolgen die Oxidationsvorgänge bereits tiefer in der Speiseröhre. Dort werden Pathogene vernichtet, Gifte neutralisiert und ein Teil der A-CDL gehe durch die Schleimhäute in Blut und Lymphe über.

- Werden auf diese Weise z.B. 50-100 ml A-CDL schluckweise in wenigen Minuten eingenommen, gelange auch in den Magen eine Menge davon. Dort gehe das A-CDL innerhalb von ca. 5 Minuten durch die Magenschleimhaut ins Blut und andere Körperflüssigkeiten, Zellen und Gewebe über.

Vordringen in tiefere Körperbereiche

Will man mit A-CDL auch den Zwölffingerdarm oder Dünndarm erreichen, müssen größere Mengen auf einmal getrunken werden, damit sie überhaupt den Magen passieren und weitergelangen können.

A-CDL erreiche bei ca. 100 ml oraler Einnahme die Darmflora nicht, sondern werde zuvor schon **durch die Schleimhäute im Mund, Rachen, Speiseröhre und Magen weitgehend in den Blutkreislauf aufgenommen und entfalte auf diesem Weg seine rasche Oxidationswirkung durch Elektronenentzug bei anaeroben Mikroben** im menschlichen Organismus.

☞ Will man bewusst A-CDL auch im Bereich des Dickdarmes oder der Scheide verwenden, können auch problemlos **Einläufe mit A-CDL oder lokal gezielte Auflagen** vorgenommen werden.

☞ Da A-CDL zwischen nützlichen und notwendigen Mikroben im Mikrobiom offensichtlich zielsicher unterscheiden kann, werden im Gegensatz zu chemischen Antibiotika auch **keine nützlichen Darmmikroben getötet. Es sei daher kein Wiederaufbau eines gestörten Darmmilieus mehr erforderlich**, wie es nach chemische Antibiotikagaben erforderlich ist.

Entgiftungs-, Ausscheidungs- und Heilreaktionen

Man sollte beachten, dass dieses hochwirksame Oxidationsmittel A-CDL sehr rasch sehr viele schädliche - meist anaerob in saurem Zellmilieu lebende - Mikroben vernichten und Gifte neutralisieren kann. Das belastet die Entgiftungs- und Ausscheidungsorgane - vor allem Leber und Nieren - je nach Abfallmenge naturgemäß stark.

Die **toten, aber belastenden Mikroben oder die nach Giftneutralisierung anfallenden Zerfalls-Abfallstoffe müssen möglichst umfassend und rasch ausgeschieden werden!**

☞ **Zeolith** kann aufgrund seiner hohen Sauge- und Bindungsmöglichkeit hierbei unterstützen und sollte daher mitverwendet werden.

(Mehr über Zeolith: http://www.vitaswing.de/gesund/ernaehrung/mikrozeolith.htm).

Wenn in einem mehr oder weniger geschwächten Körper die Entgiftungs- und Ausscheidungskapazitäten zu gering sind, kann dies zunächst zu vorläufigen Heilungs- und Ausscheidungsreaktionen mit verschiedenen unangenehmen, evtl. schmerzhaften Symptomen führen.

Diese Reaktion ist bekannt als sog. **'Herxheimersche Reaktion'** (https://de.wikipedia.org/wiki/Jarisch-Herxheimer-Reaktion).

Im Prinzip können diese Symptome als ein Anzeichen der Wirksamkeit einer effektiven Therapie angesehen werden. Sonst wären ja nicht so viele Zerfallsprodukte zu entsorgen!

Eventuell sollte in einem solchen Fall die Behandlung mit A-CDL für 1-2 Tage ausgesetzt bzw. mit geringerer Dosierung und schwächerem (höherem) pH-Wert behutsam fortgesetzt werden.

„Ein Teil der eventuellen ‚negativen' Nebenwirkungen sind kurzzeitig vorübergehende Beschwerden, die durch die Ausscheidung von Resterregern und anderen zerstörten Schadstoffen durch den Organismus selbst **als Regulationsprozess** verursacht wird. Aus diesem Grund wird empfohlen, **immer mit niedrigen Dosen zu beginnen, die dann nach und nach erhöht werden können, um so schrittweise alle Rückstände ohne nennenswerte Beschwerden zu beseitigen.** Bei diesem Oxidationsprozess muss man verstehen, dass die Rückstände vom Körper ausgeschieden werden müssen. "* (A. Kalcker, a.a.O. S. 69)

☞ Um die Entgiftungs- und Ausscheidungsleistungen und den Energiezustand zu verbessern, sollte dann möglichst viel Katholyt oder Zeolith in Wasser getrunken werden!

Katholyt (Katholyt: http://www.vitaswing.de/gesund/ph-milieu/katholyt.htm)

Mikrozeoalith:

(http://www.vitaswing.de/gesund/ernaehrung/Mikrozeolith.htm)

Da bei der Elektrolyse im H_2-Wasserionisierer zugleich 650 ml Katholyt erzeugt werden, das stark antioxidative, ebenfalls entgiftende und ausscheidende Wirkungen hat, bietet sich an, dieses basische Wasser zur Entgiftung und Ausleitung zu verwenden.

Neutrale Zerfallsprodukte von CDL und A-CDL

A-CDL zerfällt nach seiner Oxidationsreaktion mit schädlichen, anaeroben Mikroben oder Giften zu Wasser, Kochsalz (oder bei A-CDL zu Magnesium) und Sauerstoff. Der Sauerstoff (O_1) wird ebenfalls neutralisiert.

Da diese Zerfallsprodukte problemlos ausgeschieden werden, entstehen durch die Einnahme von A-CDL weder Vergiftungen noch Nebenwirkungen oder Ablagerungen im Körper.

☞ A-CDL und Katolytwasser können daher auch problemlos in der Kanalisation entsorgt werden.

Gefäße zur Aufbewahrung von Chlordioxid

CDL / A-CDL oxidiert Metall. Nicht jeder Kunststoff verträgt es. Alle Behälter und Utensilien sollten deswegen vorzugsweise aus **Glas bestehen.**

Halbliter-Milchflaschen aus Glas mit Schraubverschluss sind zur Aufbewahrung gut geeignet. Allerdings rosten Metalldeckel bald, weil das ausgasende Chlordioxid unschwer zum Metall durchdringt.

PET-Sprudelflaschen verfärben sich nach einiger Zeit durch Chlordioxid. Vorteil der PET-Flasche ist die wesentlich größere Sicherheit, etwa wenn die Flasche hinfällt oder wenn sich - warum auch immer - ein zu hoher Druck in der Flasche aufbaut.

Kunststoffbehälter für CDL/A.-CDL sollten aus HD-PE bzw. PP bestehen.

Haltbarkeit des fertigen A-CDL

In einem möglichst gasdicht verschlossenem, dunklen Glas (ideal isst das Miron-Violettglas), randvoll befüllt, behält es bei einer niedrigen Temperatur, z.B. bis zu etwa 8°C, großenteils seine sauren Eigenschaften.

Nach 5 Jahren Untersuchung stellten das Curry-Institut und die Staatliche Bakteriologische Untersuchungsanstalt München fest, dass alkalisches Elektrolytwasser nicht haltbar ist, während saures Elektrolytwasser (pH Wert unter pH 3) nach 5 Jahren unverändert bleibt.

Während die leichten und nur gering wasserlöslichen Gase des Ozons, Wasserstoffperoxids und Sauerstoffs aus dem Anolyt schon nach wenigen Minuten oder spätestens nach wenigen Stunden in die Restluft eines Behälters ausgasen, bleibt das im Wasser gut lösliche Chlordioxid erheblich beständiger darin gelöst.

Zwar dunstet es über 11 Grad Celsius auch in die Restluft in der Flasche aus, aber verschüttet man den Behälter, nimmt das Wasser das Chlordioxidgas leicht wieder auf. So bleibt das Chlordioxid nach abgeschlossener Zehrung lange wirksam, auch wenn es **seine oxidative Wirkung langsam abbaut.**

Da A-CDL im H_2-Wasserionisierer jedoch in wenigen Minuten in der gewünschten pH-Stärke oder ppm-Chlordioxidkonzentration durch Salz- oder Magnesiumchloridzugabe ins Elektrolysewasser herstellbar ist, spielt die Haltbarkeit einer fertigen A-CDL nur noch eine untergeordnete Stelle.

A-CDL gegen Infektionen (pH 6.5-1.8)

Wann A-CDL stärker als CDL ist

Wenn ins Elektrolysewasser Magnesiumchlord beigefügt wird, befindet sich anfangs dieselbe Konzentration in beiden Elektrolysekammern. **Magnesiumchlorid hat an sich schon antimikrobielle und viele gesundheitsförderliche Eigenschaften.** (s. Magnesiumchlorid: http://www.vitaswing.de/gesund/magnesium/magnesiumchlorid.htm)

Zu Beginn des Elektrolyseprozesses sind Magnesium- und Chlorionen noch wenig getrennt. Daher schmeckt die A-CD-Lösung nach 1 Minute eventuell noch leicht bitter-chlorig. Nach ca. 2 Elektrolyseminuten sind schon viele basische Magnesiumionen aus der Anodenkammer in die Kathodenkammer abgewandert und der Magnesiumgeschmack ist bei A-CDL weg.

Gerade für NeueinsteigerInnen dürfte die Doppelwirkung von Magnesiumchlorid und 10 ppm Chlordioxid nach nur einer Minute Elektrolysezeit ideal sein, weil

- noch die für Magnesium typischen Gesundheitswirkungen auftreten können. Dies ist vor allem bei Magnesiummangelkrankheiten wichtig.

- noch die desinfizierenden und sonstigen Wirkungen von Magnesiumchlorid wirken können.

- angesichts der 10 ppm-Chlordioxidkonzentration schon deutliche anti- mikrobielle Chlordioxidwirkungen auftreten (über 99% der schädlichen Viren, Bakterien, Sporen, Pilze, Algen, tierisches Plankton und Protozoen sollen schon eliminiert werden).

- in sofort frisch getrunkener A-CDL noch beträchtlich stärkere Oxidatoren enthalten sein können: Sauerstoff, Wasserstoffperoxid und Ozon. Sie können daher noch viel rascher und umfassender schädliche Mikroben und Gifte durch stärkere Oxidation eliminieren. Auch die Zuführung von Sauerstoff ins Blut, Gewebe und Organe kann durch sie wohl intensiver erfolgen.

- sofort 350 ml A-CDL in geeigneter Anfängerstärke (10 ppm) zur Verfügung stehen, ohne wie bei CDL erst noch eine Verdünnung berechnen und zeitaufwändig vornehmen zu müssen. Diese Menge und Stärke kann erfahrungsgemäß schon zu Beginn über den Tag verteilt problemlos von Erwachsenen eingenommen werden.

- der nur leicht bitter-chlorige Geschmack der A-CDLösung rasch (auch von Kindern und Tieren) akzeptiert wird.

Die gesundheitliche und antimikrobielle Wirkbreite dürfte daher bei einminütiger Elektrolysezeit bei frisch erzeugtem A-CDL größer als bei CDL sein.

☛ Je länger der Elektrolyseprozess läuft, desto mehr wandern die basischen Magnesium-Ionen aus der Anodenkammer in die Basenkammer, sodass die Wirkungen des Magnesiums in A-CDL entschwinden, dafür aber im basischen Katholyt zunehmen. Daher sei die **wechselnde Einnahme von A-CDL und Katholyt bei mindestens halbstündiger Zwischenzeit besonders effektiv.**

Wirkungen je nach ppm- bzw. pH-Konzentration

Je nach Elektrolysedauer und Mineralbeifügung (Salz oder Magnesium) entsteht saure Anolyt-Chlordioxidlösung in verschiedener Konzentration. Die Übergänge sind fließend, sodass nachfolgende pH-Werte nur allgemeine Richtlinien für die Wirkungen sein können. Je nach Konzentration und Anwendungsmenge kann Vorbeugung oder Behandlung mit A-CDL flexibel vorgenommen werden.

- **Maximal 0,2 ppm CDL pro Liter Wasser** ist zur **Desinfektion von Trinkwasser** nach der deutschen Trinkwasserverordnung **zulässig.** Mindestens 0,05 ppm Chlordioxid je Liter Trinkwasser soll nach Abschluss der Aufbereitung als Restgehalt darin noch nachweisbar sein. Dieser niedrige ppm-Chlordioxidwert zeigt, wie hochwirksam Chlordioxidlösung zur Entkeimung von Viren, Bakterien und Pilzen ist.

- **0,3 bis 3 ppm** CDL erwies sich bereits bei bei Kontaktzeiten von 5 bis 120 Minuten gegen die **Grippeviren H5N1 und H1N1** als sehr effektiv

  (https://www.freizahn.de/2020/02/mehrzweckwaffe-gegen-viren-und-bakterien/#grippe_viren_in_trinkwasser)

- **10 ppm** Chlordioxidkonzentration bzw. **pH 5.5** eigne sich z.B. für Kinder oder bei Erwachsenen als **Anfangs- und Eingewöhnungsstärke** für innere Chlordioxid-Anwendungen oder für empfindliche Stellen (z.B. Augen, Schleimhäute).

- **30 ppm** Chlordioxidkonzentration bzw. pH 5.0-4.5 gelten als **Standardkonzentration für Erwachsene** für innere Chlordioxid-Anwendungen zur **Vorbeugung gegen Infektionen oder Erkrankungen** verschiedenster Art.

- **50-100 ppm** Chlordioxidkonzentration **bzw. pH 4.5 bis 3.0** gelten als **Standardkonzentration für Erwachsene** für innere Chlordioxid-Anwendungen zur **Behandlung von Infektionen oder Erkrankungen** verschiedenster Art, also z.B. Covid-19.

- **100-200 ppm** Chlordioxidkonzentration bzw. **pH 2.8-2.5** seien für äußere Desinfektions- und Entgiftungsanwendungen geeignet, also z.B. von Haut, Gegenständen, Innenraumluft durch Besprühen, Umschläge, Waschungen etc.

- **Mehr als 200 ppm bzw. pH 2.2** oder tiefer sollen sofortigen **Tod aller anaeroben und potentiell anaeroben Mikroben bewirken** und Gifte so stark neutralisieren, dass sofortige Wirkung innerhalb von Sekunden eintreten könne. Selbst antibiotikaresistente Mikroben würden hiermit sicher vernichtet.

  Beispiel: MRSA-Eliminierung durch Chlordioxidlösung: https://www.freizahn.de/2020/02/mehrzweckwaffe-gegen-viren-und-bakterien/#chlordioxid_wirkt_auch_gegen_mrsa

- **500 bis 3000 ppm** (2.2-1.5 pH) CDL mit Einwirkzeiten von 0,5 bis 12 Stunden erwiesen sich gegen **Anthraxsporen** als ausreichend: https://www.freizahn.de/2020/02/mehrzweckwaffe-gegen-viren-und-bakterien/#chlordioxid_wirkt_auch_gegen_anthrax

Innere Anwendungen

Im obigen Kapitel „Vielfältige Wirkungen des Chlordioxids" (S. 114) sind seine vielfältigen nützlichen Eigenschaften detailliert beschrieben.

☞ Wie stark und rasch Desinfektion, Blutreinigung, Entzündungen, Blutverdünnung, Sauerstoffzunahme, Immunstimulierung, Übersäuerung, Anti-Aging-Wirkungen etc. eintreten, hängt im Wesentlichen von der Konzentration und Anwendungshäufigkeit des Chlordioxids ab.

Dies ist so, ob es oral eingenommen wird oder äußerlich angewendet wird.

Daher zunächst einige grundsätzliche Hinweise zur Konzentration und Anwendungshäufigkeit zur inneren Verwendung von Chlordioxid.

Für Einsteiger und Krankheitsprophyaxe

Wer erstmals Erfahrungen mit Anolyt-Chlordioxid sammeln will, sollte sich sowohl an den säuerlich-chlorigen Geschmack langsam gewöhnen, als auch seinen Organismus damit vertraut machen.

Chlordioxidlösung, die mit Magnesiumöl ins Elektrolysewasser hergestellt wird, schmeckt besser und neutraler als wenn Siedesalz, Meer- oder Steinsalz verwendet wird. Einsteiger sollten daher Magnesiumchlorid als Elektrolysewasserzusatz verwenden.

Beispiel einer Chlordioxidlösungsherstellung mit 5 ml Magnesiumöl (= 1 TL 31%iges Magnesiumöl) bzw. 1,6 g = 1/3 TL Magnesiumchloridkristalle in 1 Liter sauberem Wasser und Elektrolyse mit 24 Volt Gleichstrom s. Tabelle 01, S. 200.

Bitte beachten: Je nachdem, welche und wieviele basischen und sauren Mineralien Ihr Elektrolysewasser aufweist, verändern sich die Elektrolysezeiten, um bestimmte ppm-Chlordioxidkonzentrationen bzw. pH-Konzentrationen herzustellen. ☞ Man sollte sich daher die Mühe machen, entsprechende Messungen mittels pH-Messgerät und ppm-Chlordioxidmessstreifen selbst vorzunehmen und eine individuelle Tabelle für das jeweils verwendete Wasser erstellen.

Grundprinzip der schrittweisen Erhöhung aller Variablen:

Von den 350 ml Anolyt-Chlordioxid, die in der kleinen Innenkammer entstehen, **175 ml pro Tag** einnehmen, sodass die Gesamtmenge für zwei Tage reicht:

Unverbindlicher Einnahmevorschlag pro Tag 175 ml-Einnahme

- **Erster und zweiter Tage: 1 Minute Elektrolyse = 10 ppm bzw. pH 5.5.** Von den produzierten 350 ml die Hälfte (175 ml) trinken. Davon je ein Drittel 1 Stunde nach dem Frühstück, 1 Stunde nach dem Mittagessen und vor dem Schlafengehen verteilt in großen Schlucken langsam trinken.

- Mehrere kleine Portionen erbringen bessere Ergebnisse als eine große Portion auf einmal zu trinken.

- **Dritter und vierter Tag**: Traten am Vortag keine Probleme auf, kann die Elektrolysezeit auf 2 Minuten erweitert werden. Dann beträgt die CD-Konzentration ca. 25-30 ppm = pH 5.0. Aufteilung und Einnahme wie an den ersten beiden Tagen.

- **Fünfter und sechster Tag:** Traten am Vortag keine Probleme auf, kann die Elektrolysezeit auf 3 Minuten erweitert werden. Dann beträgt die CD-Konzentration ca. 50 ppm. Aufteilung und Einnahme wie an den ersten beiden Tagen.

- **Folgetage:** Traten am Vortag keine Probleme auf, kann die Elektrolysezeit auf 4 Minuten erweitert werden. Dann beträgt die CD-Konzentration ca. 60 ppm. Aufteilung und Einnahme wie an den ersten beiden Tagen.

- Wenn bei diesem stufenweisen Vorgehen mit ca. 10 bis 60 ppm Chlordioxid unerwartete Nebenwirkungen auftreten, einfach die ppm- bzw. pH-Konzentration durch kürzere Elektrolysezeit wieder verringern und dann pro Tag wieder langsam steigern.

Zweck: Diese Vorgehensweise kann für Einsteiger und für ganz allgemein für Vorbeugezwecke dienen.

Dieses Vorgehen mit A-CDL entspricht teilweise dem CDL-**Protokoll A** von Dr. Andreas Kalcker: http://www.vitaswing.de/a-cdl/Protokoll_A.htm

Akute und chronische Probleme

Sofern statt Meersalz aus Geschmacksgründen lieber das neutraler schmeckende Magnesiumchlorid zu Vorbeuge- oder Behandlungszwecken ins Elektrolysewasser gegeben wird, und man mit stärkerer Chlordioxidkonzentration (10-100 ppm = pH 5.5 bis 3.0) rascher und effektiver vorgehen möchte, kann man sich an Tabelle 1 und 2 (S. 202, 203) orientieren.

Sich wöchentlich steigernde Chlordioxidkonzentration

- CD-Konzentration: 10 – 100 ppm = ca. pH 5.5 bis 3.0
- Naturbelassenes Magnesiumöl ins Elektrolysewasser. Es kann normales, sauberes Leitungswasser verwendet werden.
- nötige Elektrolysedauer mit dem H_2-Wasserionisierer (für 350 ml) ca. 1 bis 6 Minuten.

Bedeutung und Zweck

- Es ist ein allgemeingültiges Prozedere und für die meisten Fälle, von akuten bis chronischen Leiden, geeignet.
- Es ist sehr gut geeignet für eine **allgemeine Reinigung des Körpers von Giftstoffen**, und als Entgiftungsverfahren ist es wahrscheinlich das wirksamste, da es Krankheitserreger, Giftstoffe und sogar Schwermetalle oxidiert.
- Bei der Verwendung von CDL/A-CDL gibt es praktisch keine negativen Nebenwirkungen, es verursacht weder Durchfall noch Magenverstimmungen.

Konzentration je nach Gesundheitszustand

- 10 ppm CDL = ca. pH 5.5 A-CDL = Startkonzentration für ältere, geschwächte Personen.
- 25 ppm CDL = ca. pH 5.0 A-CDL = übliche Ausgangs-Konzentration.

- **Langsame wöchentliche Steigerung auf 50, 60, 75 bis 100 ppm** (von pH 5.5 auf 3.0) im Falle einer schweren oder lebensbedrohlichen Krankheit.

Die Erhöhung soll entsprechend der Verträglichkeit erfolgen. bei Unverträglichkeit oder Unwohlsein einfach auf die vorherige Konzentration zurückgehen.

Einnahmemenge und Tagesaufteilung

1 Liter A-CDL (hergestellt in 3 Elektrolysedurchgängen für je 350 ml). Einen Liter in 8 Portionen (125 ml) bis 12 Portionen (83 ml) aufteilen und im Tagesverlauf einnehmen.

- **Stündliche Einnahme** bis die Einliterflasche leer ist.
- Vor und nach Mahlzeiten sollten jeweils 1/2 Stunde liegen.

Es ist besser, öfter kleine Dosen einzunehmen, als wenige, aber hohe Dosen. So wirkt das Chlordioxid im Körper länger.

Vorsichtsmaßnahmen

- Die maximale A-CDL-Konzentration für dieses Protokoll beträgt 100 ppm (= ca. pH 3.0).
- Tritt Unwohlsein oder Übelkeit auf, dann setzen Sie die Dosis herab. Manchmal braucht der Körper einige Zeit, um sich anzupassen.
- Die Einnahme erfolgt so lange, bis Sie sich wieder gesund fühlen.
- Sollten Sie Medikamente einnehmen, halten Sie einen Zeitraum von 1 Stunde vor und nach der Einnahme des Medikaments ein, um Wechselwirkungen zwischen den Substanzen zu vermeiden.

Dieses Vorgehen entspricht weitgehend dem **Protokoll C** nach Dr. A. Kalcker: 30 bis 90 ppm CDL = ca. pH 3.8 bis 2.6 A-CDL: http://www.vitaswing.de/a-cdl/Protokoll_C.htm

Klinische Anwendungen von CDL: https://t.me/Chlordioxid/2540

Infektionen und Vergiftungen

Desinfektion und Giftneutralisierung als Immunsystementlasung sind neben weiteren nützlichen Eigenschaften die Haupteinsatzbereiche von A-CDL.

Daraus ergibt sich ihr **Einsatz vor allem bei Infektionen durch Einzeller, Viren, Bakterien, Pilze und Kleinparasiten.**

Chlordioxidkonzentration bzw. saure pH-Konzentration sind in jeder Stärke herstellbar und können flexibel nach der Widerstandsfähigkeit schädlicher Mikroben eingesetzt werden.

Biophysiker Dr. Andreas Kalcker empfiehlt folgende Chlordioxidkonzentrationen:

- **30 ppm (= pH 5.5-5.0) CDL** zur **Vorbeugung**. Davon könne nach bisherigen Erfahrungen problemlos 1 Liter/Tag getrunken werden. Die Tagesdosis wird in 10 Einzeldosen von ca. 100 ml aufgeteilt. Die Patienten sollen jede Stunde ca. 100 ml der Lösung trinken bis die Tagesdosis aufgebraucht ist. Diese Präventionsmaßnahme solle 14 Tage lang durchgeführt werden.
- (https://www.freizahn.de/2021/01/wirksame-coronapraevention/)
- für **Kinder** soll man die Konzentration der Dosis und die Wassermenge an das Körpergewicht und Gesundheitszustand anpassen, also reduzieren.
- **50-80 ppm (pH 5.0-3.0) zur Behandlung von akuten Infektionserkrankungen.** Davon sollen **bis zu 2 Liter pro Tag,** jeweils morgens und abends je ein Liter – aufgeteilt in 100 ml-Dosen, zeitlich verteilt, getrunken werden.
- Sollten widerstandsfähigere und/oder gefährlichere Mikroben-Mutanten auftreten, sind Konzentration und Einnahmemenge erforderlichenfalls so weit zu erhöhen, bis sie wirken.

Mikrobenspezifisches Vorgehen

Jeder Krankheitserreger soll seiner Natur entsprechend behandelt werden:

- **Viren:** Mehrere kleine CDL-Dosen wegen ihrer schnellen Fortpflanzungsfähigkeit. (s. 🖝 Protokoll F: 60 – 24 ppm CDL = ca. pH 2.9 bzw. 3.5 A-CDL: http://www.vitaswing.de/a-cdl/Protokoll_F.htm)
- **Bakterien:** Höhere CDL-Dosen in größeren Abständen.
- **Pilze:** hartnäckig-ausdauerndes Vorgehen; auch auf Parasiten testen.
- **Giftige Metalle beseitigen:** Hohe CDL-Dosen über eine längere Zeit.
- **Vergiftung:** Kleine CDL-Schlucke alle paar Minuten.
- **Parasiten:** Hohe CDL-Dosen und mindestens eine Woche beibehalten.

(Dr. Andreas Kalcker: ‚Gesundheit verboten‘, S.134 f.)

Weitere Empfehlungen:

- Bei **chronischem Mikrobenbefall / Erkrankungen bzw. Vergiftung** (z.B. durch Schwermetalle, Pestizide etc). ist es besser, **wiederholt in mehrstündigen Abständen** und erforderlichenfalls über mehrere Wochen geringere und schwächere A-CDL-Mengen einzunehmen, als es in hoher Konzentration und größerer Menge stoßweise und selten anzuwenden.

- Je stärker ein Organismus von Viren, Bakterien, Sporen, Pilzen, Algen, tierischem Plankton und Protozoen befallen ist, desto tiefer sollte der pH-Wert bzw. höher der ppm-Chlordioxidwert und desto größer die Einnahmemenge sein.

- Bei einer **akuten Vergiftung** oder einer **aktuellen, starken Infektion** kann es (überlebens)wichtig sein, durch A-CDL mit pH 2.5 bis 2.2 oder tiefer (das in Sekunden Mikroben tötet) die Gifte sofort zu neutralisieren und eingedrungene, sich rasch vermehrende Viren, Einzeller, Bakterien etc. sofort abzutöten und deren Vermehrungsstadien abzublocken. Eine dann wahrscheinlich auftretende starke 'Herxheimersche Reaktion' ist dann das kleinere, leichter wieder reparierbare Übel. (https://de.wikipedia.org/wiki/Jarisch-Herxheimer-Reaktion)

Für therapeutische Zwecke kann A-CDL sehr variabel hinsichtlich Stärke, Menge und Verträglichkeit oral eingesetzt werden. Manche Ärzte setzen es bis pH 1.8 ein!

Da A-CDL nur schwach gepuffert ist, verätzt selbst ein so saures Produkt das Gewebe oder die Schleimhäute nicht.

Akute Vireninfekte

Dr. A. Kalckers Empfehlungen im Falle akuter Vireninfekte:

Zwecke des Vorgehens

- Die **Vermehrungunterbrechung von schädlichen Mikroben** durch Einnahmen von relativ konzentriertem CDL/A-CDL in sehr kurzen Zeitabständen.

- **Bekämpfung akuter Virusinfektionen** durch 8-malige Einnahme in 15 Minuten Zeitabständen.

Konzentration ist je nach Krankheitszustand zu verändern. Innerhalb von 2 Stunden soll jede Viertelstunde eine von 8 Portionen eingenommen werden.

- CDL mit **60 ppm = pH 2.9 A-CDL-Konzentration** verwenden. 50 ml davon in 8 Portionen aufteilen. Jede Viertelstunde 6,25 ml davon einnehmen.

- CDL mit **48 ppm = pH 3.0 A-CDL-Konzentration** verwenden. 500 ml davon in 8 Portionen aufteilen. Jede Viertelstunde 62.5 ml davon einnehmen.

- CDL mit **24 ppm = pH 3,5** A-CDL-Konzentration verwenden. 1000 ml (1 Ltr.) in 8 Portionen aufteilen. Jede Viertelstunde 125 ml davon einnehmen.

Je nach Schweregrad kann man diese Prozedur einmal oder zweimal am Tag durchführen.

Praxistipp: Man kann jeweils die 50 ml, die 500 ml oder 1000 ml Flasche in 8 gleiche Teile teilen, diese mit Strichen markieren und alle 15 Minuten die Menge bis zum nächsten Strich trinken.

Wenn man diese **Prozedur zweimal** macht, sollte man es **morgens und nachmittags** machen (im Abstand von mindestens 2 Stunden).

Bei **einmaliger Durchführung** sollte für den Rest des Tages mit Protokoll C (= 30 ppm CDL = 3.5 pH A-CDL mit wöchentlicher Steigerung bis 90 ppm = 3.0 pH) fortgefahren werden. (Protokoll C: http://www.vitaswing.de/a-cdl/protokoll_c.htm)

Herstellungsdauer der jeweiligen Konzentration

Mit der Elektrolysemischung in Tabelle 02, S. 201 sind jeweils 350 ml A-CDL in wenigen Minuten herstellbar:

- **60 ppm = pH 3.0** A-CDL-Konzentration benötigt im H_2-Wasserionisierer ca. 3 1/2 Minuten Elektrolysedauer.

- **48 ppm = pH 3.2** A-CDL-Konzentration benötigt im H_2-Wasserionisierer ca. 3 Minuten Elektrolysedauer

- **24 ppm = pH 3,5** A-CDL-Konzentration benötigt im H_2-Wasserionisierer ca. 2 1/2 Minuten Elektrolysedauer.

Protokoll F: 60 – 24 ppm CDL = ca. pH 2.9 bzw. 3.5 A-CDL: http://www.vitaswing.de/a-cdl/Protokoll_F.htm

Viren – auch Coronaviren - sind sehr empfindlich gegen Oxidation. Daher benötigt man im Grunde keine besonders hohen ppm-Chlordioxidmengen bzw. niedrigen pH-Werte zu ihrer Eliminierung.

Viren werden INNERHALB der infizierten Zelle reproduziert und kontinuierlich freigesetzt. Man muss daher dafür sorgen, dass ausreichend Chlordioxid im Körper vorhanden ist, sobald ein Virusreplikat aus der Zelle entlassen wird.

☞ **Viren erfordern daher wegen ihrer schnellen Fortpflanzungsfähigkeit eine relativ häufige Zuführung von Chlordioxidlösung.** Dies geschieht, indem man **über den Tag verteilt viele kleinere Mengen CDL/A-CDL einnimmt** und so dafür sorgt, dass der Chlordioxidgehalt im Blut und in der Körperflüssigkeit nicht absinkt. Das sei für den Erfolg der Selbstbehandlung gegen Viren wichtig. Dann können alle gerade freigesetzten neuen Erreger incl. Sporen erfasst und eliminiert werden. Die Infektionskette würde dadurch unterbrochen.

Wirksam und wichtig sei dies besonders bei hochaktiven Viren wie beispielsweise **Influenza**. (https://ichgcp.net/de/clinical-trials-registry/NCT04343742)

Wirkweise: CDL/A-CDL habe **hohe selektive Oxidationskraft** und stoppe die Vermehrung von **Viren** durch eine Eiweißblockade. Sie verhindere die Bildung von speziellen Proteinen (Kapsiden), die für die virale Vermehrung wichtig sind. Dies geschehe durch Denaturierung, welche die Zerstörung des Virus bewirke. Dadurch **könne kein Virus eine Resistenz gegen diese Art der Oxidation entwickeln.**

Bei dieser zeitlich verteilten Vorgehensweise habe auch ein **neuer Virustyp und seine Mutationen nicht mehr jenen zeitlichen Vorsprung, den er braucht, um eine schwere Krankheit herbeizuführen**. Die Chancen stünden dann auch sehr gut, dass eine **neue Virusmutante (oder auch Bakteriumvariante) es nicht schaffe, auf andere Tiere oder auch auf Menschen überzugehen**, weil Chlordioxid diesen Erreger schnell zerstöre.

☞ Gemäß heutigem Wissensstand dürfte Chlordioxid in der Lage sein, **alle Virentypen zu inaktivieren** bzw. zu töten, weil es mit drei bestimmten Aminosäuren (Cystein, Tyrosin & Tryptophan) reagiert und diese denaturiert.

☞ In den Spike-Proteinen von SARS-CoV-2 (mit denen das Virus an die Rezeptoren menschlicher Zellen andockt) sind genau diese drei Aminosäuren enthalten – A-CDLösung könne also auch das Corona-Virus unschädlich machen!

Mehr dazu: https://www.zeitenschrift.com/artikel/corona-gibt-es-eine-wirksame-undsanfte-covid-19-therapie)

Eine Grippe- oder sonstige Epidemie/Pandemie werde so verhindert, wahrscheinlich würde eine Infektion sogar nicht einmal bemerkt werden!

Spike-Proteine, Graphenoxid, Gifte bekämpfen

☛ Spikes, Graphene und giftige Metalle neutralisieren und ausleiten

☛ Alle Impfstoffe aller Hersteller scheinen inzwischen sowohl Nanographenoxid als auch Magnetitkristalle zu enthalten.

Durch Nanographen erhalten die Impfstoffe einen höheren Transfektionsfaktor.

Nano-Graphen wird meist kombiniert mit Magnetitkristallen, weil Impfstoffherstelle dann mit wenig Biomaterial – z.B. aus abgetriebenen Föten - die Infektionsrate um das Tausendfache erhöhen können. Das bedeutet viele Milliarden Euro Gewinn.

Graphenoxid, Magnetit, Magnetismus und ‚Impfungen' scheinen in verhängnisvoller Weise zusammenzuwirken.

(https://t.me/Chlordioxid/493)

Graphen greift direkt in das biophysikalische Gleichgewicht des Körpers ein, und so **wird der Körper anfälliger, reichert Unmengen an Ferritin an und verstärkt gleichzeitig auch noch die magnetische Wirkung am Arm des Geimpften,** weil das Ferritin stattdessen vorhanden ist, das aus bis zu 4500 Eisenatomen gebildet wird. Dank der Anwesenheit von Graphen bekommt es sofort Millionen von Eisenatomen pro Molekül.

Es geht bei der Problematik nicht so sehr um das Graphen, sondern um die Spikes. **Graphen ist ein Multiplikationsfaktor für die Spikes.**

☛ **Ohne Viren soll Graphen in dieser geringen Menge relativ harmlos sein,** (die Menge macht das Gift!), weil der Körper es aufgrund seiner Größe mit der Zeit als Fremdes ausscheiden kann oder es sich im Körper als Giftstoff verhält.

☛ Die ‚**Spikes' sind der eigentliche Feind,** denn sie führen durch Konzentrationsschwäche und Ermüdung zu Blutgerinnseln und nach einiger Zeit sogar zum Tod.

Impf-Spike-Proteine verbleiben im Hirngewebe und können langfristige Hirnschäden verursachen: (https://telegra.ph/SCHOCKSTUDIE-Covid-Impf-Spike-Proteine-verbleiben-im-Hirngewebe-und-k%C3%B6nnen-langfristige-Hirnsch%C3%A4den-verursachen-05-09)

Aufgrund nachgewiesener Fälle und bestätigt durch COMUSAV-Ärzte solle ☛ **CDL auch bei geimpften Patienten absolut wirksam** sein.

☞ **Spikes, Graphene und giftige Metalle aus Impfungen könne man durch Chlordioxidlösung neutralisieren und ausleiten**. Chlordioxidlösung kann diese Kette durchbrechen.

(https://t.me/Chlordioxid/490)

Es wurde festgestellt, dass die Symptome verschwanden und dass sie kein anormales Magnetfeld mehr hatten.

☞ **CDL wirke auch bei der Delta-Variante und allen anderen Covid-Varianten, da es ein Oxidationsmittel ist,** das heißt, es oxidiert am Protein, wodurch es denaturiert und unschädlich gemacht wird. (https://t.me/Chlordioxid/172)

☞ Anti-Impf-Protokoll

Selbst wenn eine Pandemie vorbei ist, ist einerseits weiterhin mit gesundheitsschädlichen Impfwirkungen zu rechnen. Andererseits ist mit (durchaus angekündigten) neuen Pandemien und damit auch mit neuen (Zwangs-) ‚Impf'kampagnien zu rechnen.

Daher ist es sinnvoll, Erkenntnisse aus der Corona-Pandemie zu ziehen und zu wissen, was man vor und nach einer (Zwangs)‚Impfung' tun kann, um Impfschäden möglichst gering zu halten.

Gegen solche Schäden könne Chlordioxid eine wichtige Rolle einnehmen, denn es sei in der Lage, die **Spike-Proteine zu oxidieren** und somit den Körper zu reinigen.

Im Zusammenhang mit SARS-CoV-2 wirkt ClO_2 direkt auf das Spike-Protein und die RNA des Virus und tötet das Virus schließlich ab.

Mehr über „Hilfe gegen Impfschäden durch Oxidantien?" (Video: https://odysee.com/@CDL:9/Andreas-Kacker-Impfschaden-Hilfe-mit-Oxidantien-Februar-2023:2)

Geimpfte Patienten sollten

☞ Dr. Kalckers Protokoll C für mindestens 21 Tage: 30 bis 90 ppm CDL = ca. pH 3.8 bis 2.6 A-CDL durchführen. (http://www.vitaswing.de/a-cdl/Protokoll_C.htm)

sowie anstelle einer Injektion ☞ Protokoll K: (Prot. D mit DMSO, 1250 oder 750 ppm = ca. pH 2.2 bis 1.8 A-CDL: http://www.vitaswing.de/a-cdl/Protokoll_K.htm) befolgen.

Dazu wurde von Ärzten ein spezielles **Ai-Protokoll (Anti-Impf-Protokoll)** entwickelt. Dr. A. Kalcker empfiehlt ein umfassendes Anti-Impf-Konzept, wie Impfschäden – z.B. durch mRNA-Spritzen – vorgebeugt bzw. sie behandelt werden können. Dabei spielt CDL eine tragende Rolle. Die Ai-Behandlung sollte so schnell wie möglich nach einer Impfung erfolgen, denn wenn Gehirn und Herz bereits geschädigt sind, dann kann die CDL auch keine Wunder mehr vollbringen.

Mehr zum Ai-Protokoll:

- https://t.me/Chlordioxid/2386
- https://t.me/Chlordioxid/2390
- https://t.me/Chlordioxid/2391

Video: https://odysee.com/@CDL:9/AI-Protokoll-COMUSAV-Deutsch:4 oder als pdF: https://t.me/Chlordioxid/265

Alternative zu Impfungen

Der Ausbruch möglicher in Zukunft drohender Pandemien durch Krankheitserreger könnte durch prophylaktische Chlordioxid-Einnahme verhindert werden. Wenn es einen sicheren Schutz vor Krankheitserregern durch Chlordioxid gibt, sind fortan keine Impfungen jeglicher Art mehr notwendig. Milliarden an Forschungs- und Entwicklungskosten könnten stattdessen in gesunde Ernährung, Wasserreinigung und gesundheitliche Aufklärung insbesondere der armen Weltbevölkerung investiert werden. All das würde deren allgemeinen Gesundheitszustand und insbesondere deren Immunsystem optimieren.

Genau das aber widerspricht dem unersättlichen Profitstreben der Pharmariesen und den Plänen der sog. ‚Elite' hinsichtlich des Gesundheitswesens.

Quelle: https://paradigma-konferenz.com/

Äußere Anwendungen

☞ Verschiedene äußere Anwendungsarten

Erfolgt die Chlordioxid-Anwendung über die **Haut**, z.B. durch Besprühen, Einreiben, Umschläge oder Begasen, dann werden zunächst die äußeren, dann nach und nach auch die tiefer liegenden Hautschichten, Lymphe, Blut etc. von Giften und schädlichen Mikroben befreit.

Daraus ergeben sich für die Anwendung einige Konsequenzen, z.B. wenn 10 g Magnesiumchlorid in 1 Liter Elektrolysewasser beigefügt wird (s. Tab. 02, S. 203):

- Durch **lokale Anwendungen** kann man rascher tiefere Bereiche erreichen, die über die Mundaufnahme erst nach und nach bzw. in zu geringer Dosierung oder gar nicht bzw. nur indirekt erfasst werden.

- **Einläufe** mit **A-CDL,** um z.B. Dickdarm, Enddarm, Scheide rasch und konzentriert zu erreichen, seien geeignet und effektiv. Empfohlene A-CDL-Konzentration: Anfangs 10-20 ppm (ca. pH 6.0-5.5), dann 30-40 ppm (ca. 5.5-4.0).

- **Besprühen, Einreiben der Haut, Befeuchten, Auflagen, Wickel etc.**, um Haut, Unterhautgewebe, darunterliegende Knorpel, Knochen, Sehnen oder auch Organe, Drüsen etc. rasch und konzentriert zu erreichen. A-CDL-Konzentration: 50-250 ppm (ca. 3.7 – 2.2).

- **Großfläche Begasung mit den A-CDL-Dämpfen,** um rasch die Haut des ganzen Körpers (außer dem Kopf) zu entgiften bzw. von schädlichen Mikroben zu befreien. Dazu den Körper - mit Ausnahme des Kopfes - in einen luftdicht unterhalb des Halses angebrachten Plastiksack stecken. Der Wasserionisierer muss dann entweder innerhalb des Plastiksackes stecken oder die A-CD-Gase müssen über einen Schlauch in den Sack geführt werden. A-CDL-Konzentration: 100-250 ppm (ca. pH 2.4-2.1)

- um **Augen, Ohren** lokal-konzentriert zu behandeln, sind Augenbad, Ohrbeträufeln, getränkter Ohrenstöpsel etc. geeignet. A-CDL-Konzentration: Augen: 10-20 ppm (ca. pH 6.0-5.5), Ohren: 30-100 ppm (ca. 5.5-2.4).

Salz fürs Elektrolysewasser

Für äußere Zwecke kann preiswertes, entmineralisiertes Natriumchlorid (NaCl) ohne Zusätze, also **Siedesalz / Speisesalz** verwendet werden.

Will man jedoch mehr verschiedene saure Mineralien im Anolyt-Chlordioxidwasser haben, sollte man naturbelassenes Meersalz oder Steinsalz verwenden.

Da Salzwasser eine starke elektrische Leitfähigkeit aufweist, kann man sehr rasch sehr hohe ppm-Chlordioxidwerte bzw. sehr tiefe pH-Konzentrationen herstellen. (s. Tabelle 03, S. 202, Tab. 04, S. 203)

Sowohl die dabei in der Basenkammer entstehende starke Natronlösung (über pH 12.0) als auch die in der Anodenkammer entstehende Chlordioxidlösung (unter pH 3.0) können für Desinfektionszwecke eingesetzt werden.

Bitte beachten: Je nachdem, welche und wieviele basischen und sauren Mineralien Ihr Elektrolysewasser aufweist, verändern sich die Elektrolysezeiten, um bestimmte ppm-Chlordioxidkonzentrationen bzw. pH-Konzentrationen herzustellen. Man sollte sich daher die Mühe machen, entsprechende Messungen mittels pH-Messgerät und ppm-Chlordioxidmessstreifen selbst vorzunehmen und eine individuelle Tabelle für das jeweils verwendete Wasser erstellen.

Händedesinfektion

Stark saures A-CDL (120 - >> 500 ppm) tiefer als pH 2.5 bis 1.8 kann zum **Händewaschen/Desinfizieren** in Krankenhäusern, Hygieneeinrichtungen, Reinräumen verwendet werden.

Auch alle Hygieneartikel, Einkaufswagen, Spielzeuge, Wäsche, Teppiche etc. lassen sich damit durch Besprühen oder Abwaschen sicher und rasch desinfizieren.

Gemäß Tabelle 04, S. 203 lassen sich bei 4 bis 10 Minuten Elektrolysedauer die gewünschten ppm- bzw. pH-Konzentrationen für jeweils 350 ml herstellen.

☞ Bei einer pH-Konzentration von 2.2 werden in Sekundenschnelle alle an Haut oder sonstigen Oberflächen vorhandenen Viren, Bakterien und Pilze eliminiert. Dennoch wird die Haut oder Schleimhaut nicht angegriffen, weil die ionisierte Chlordioxidlösung sehr schwach gepuffert ist. Hautallergien beugt diese Desinfektionsmittel eher vor, als sie auszulösen!

☞ Auch das bei gleicher Elektrolysedauer entstehende hochbasische **Katholytwasser über pH 12.0 kann für die Reinigung und zugleich Desinfektion der Hände** (oder von Hygieneartikeln) verwendet werden.

Wer sich häufig die Hände desinfizieren muss, sollte eher das hochbasische Katholyt mit über 12.0 pH verwenden, weil es der Haut noch eine fettende Schutzschicht verleiht.

Da es nicht nur fettlösend-reinigend, sondern zugleich auch desinfizierend wirkt, ist es vielen Seifenprodukten überlegen.

Hauterkrankungen, Juckreiz

Bei Ausschlägen, Pusteln, Bläschen, juckenden Stellen o.ä. Hauterkrankungen kann die Haut verletzt oder auch geschlossen sein.

Um die Haut von austretenden Giften, Schlacken oder auch pathogenen Mikroben zu reinigen, zu desinfizieren und Juckreiz zu vermindern, kann **sowohl tiefsaures Anolytwasser als auch hochbasisches ionisiertes Katholytwasser verwendet** werden.

Chlordioxidherstellung

- CD-Konzentration: über 200 ppm = ca. pH 2.5 für Hautsensible, oder CDL >> 500 ppm = ca. 2.0 pH A-CDL.

- Es kann normales, sauberes Leitungswasser und als Mineralbeigabe raffiniertes Siede/Speisesalz, naturbelassenes Meer/Steinsalz oder Magnesiumchlorid ins Elektrolysewasser verwendet werden.

- nötige Elektrolysedauer mit dem H_2-Wasserionisierer (für 350 ml) je nach Mineralkonzentration (s. Tabelle 04, S. 203) ca. 10-15 Minuten.

- Gemäß dieser Tabelle lassen sich bei 4 bis 10 Minuten Elektrolysedauer die gewünschten ppm- bzw. pH-Konzentrationen für jeweils 350 ml herstellen.

- Bei einer pH-Konzentration von 2.2 werden in Sekundenschnelle alle an Haut oder sonstigen Oberflächen vorhandenen Viren, Bakterien und Pilze eliminiert. Dennoch wird die Haut oder Schleimhaut nicht angegriffen, weil die ionisierte Chlordioxidlösung sehr schwach gepuffert ist. Hautallergien beugt diese Desinfektionsmittel eher vor, als sie auszulösen!

- Auch das bei gleicher Elektrolysedauer entstehende hochbasische Katholytwasser über pH 12.0 kann für die Reinigung und zugleich Desinfektion der erkrankten Haut verwendet werden.

- Optimal ist ein jedesmaliger Wechsel von hochbasischem und tiefsaurem Elektrolysewasser in kurzen Zeitabständen!

In der Konzentration von < pH 2.2 werden innerhalb von Sekunden schädliche Mikroben eliminiert. Selbst so tiefe pH-Werte sind für Spray oder Auflagen ungefährlich und nicht-ätzend, weil ionisiertes

A-CDL ganz schwach gepuffert ist. **Noch stärkere, saure A-CDL-Konzentrationen sind im Grund nur noch Mikroben-Overkill!**

☞ **Bedeutung und Zweck: Verwendung für alle Arten von Hautproblemen**, z.B. Akne, atopische Dermatitis, Ekzeme, Hautausschläge, Wunden, Herpes (sowohl labial als auch genital, und an jedem Körperteil), Sportlerfuß, Pilze, Psoriasis, Verbrennungen (von Sonnenbrand bis zu schwersten Verbrennunen), Geschwüre (sowohl diabetische als auch durch Bettlägrigkeit verursachte Druckgeschwüre, Liegewunde), und vieles mehr...

Anwendung

Am Besten eine **Sprühflasche** verwenden, die mit konzentriertem A-CDL gefüllt ist.

- **A.-CDL direkt auf die gewünschte Stelle sprühen**. Es kann bei Bedarf stündlich oder öfter wiederholt werden.

- Bei **(Insekten)Stichen** die verletzte Stelle betupfen.

- **Ein saugfähiges Tuch befeuchten** und **bis zur Trocknung auf die zu behandelnde Stelle** legen. Nach dem Trocknen kann das Tuch erneut mit der gleichen Konzentration befeuchtet werden.

Verursacht die gewählte Konzentration Hitzeempfinden, Stechen oder Brennen, sollte man die A-CDL-Konzentration verringern.

Wechsel mit hochbasischem Katholytwasser:

Hochbasisches Katholytwasser über pH 12.0: kann ebenfalls für Desinfektionszwecke durch Sprühen, Betupfen, Einreiben oder Umschläge äußerlich verwendet werden. Es entsteht bei der Elektrolyse parallel zur Herstellung von tiefsaurem Anolytwasser im gleichen Zeitraum. Optimal ist eine abwechselnd erfolgende Verwendung von Anolyt und Katholyt.

Kombination mit DMSO

Damit Chlordioxidlösung oder Katholyt bis in die tiefsten Schichten der Haut eindringen kann, kann es mit **DMSO** (im Flüssigformat, 70%) kombiniert werden, wobei **zuerst DMSO und dann A-CDL oder hochbasisches Katholyt aufgetragen** werden.

Es ist sehr wichtig, dass die **Haut bei der Anwendung von DMSO sauber** ist, da sonst auch die Toxine oder Verunreinigungen, die wir auf der Haut haben, eindringen würden.

Juckreiz und Schmerz kann man so reduzieren und die Haut desinfizieren. Man kann diese Behandlung mehrmals am Tag wiederholen (bis zu einmal pro Stunde oder öfter).

Mehr über DMSO: http://johann.dokusammlung.de/dateien/Nex24_Hawranke_DMSO.pdf

Vergleiche **Protokoll D** nach Andreas Kalcker: http://www.vitaswing.de/a-cdl/protokoll_d.htm

Verbrennungen

Die Herstellung, Konzentration und Anwendung sind identisch mit denen für Hauterkrankungen.

- Bei schwerer Verbrennung die **konzentrierte Lösung direkt auf die Verbrennung aufsprühen**. Erleichterung ist in der Regel unmittelbar nach der Besprühung zu spüren.

- Auch hierbei kann im Wechsel zu A-CDL noch hochbasisches Katholyt (ab pH 12.0) verwendet werden, da es reinigt und zugleich desinfiziert.

- Saugfähiges Material (Papier, Leinen etc.) in A-CDL (und evtl. Katholyt) einweichen und auf den Bereich auflegen bis zur Trocknung. Prozedur kann mehrmals wiederholt werden. Nachträgliches Auswaschen der Wunde ist nicht erforderlich, da die Auflage keine Verätzungen verursacht.

Vergleiche Dr. Andreas Kalckers **Protokoll Q** in http://www.vitaswing.de/a-cdl/protokoll_q.htm

Insektenstiche

Zweck: Hilfe zur Schmerzlinderung und Abschwellung bei Stichen von Insekten, z.B. Wespen, Hornissen, Bienen, Spinnen, Quallen und Hautverbrennungen.

Chlordioxidherstellung

- CD-Konzentration: über 200 ppm = ca. pH 2.5 für Hautsensible, oder CDL >> 500 ppm = ca. 2.0 pH A-CDL.

- Naturbelassenes Meersalz, raffiniertes Siedesalz oder Magnesiumchlorid ins Elektrolysewasser. Es kann normales, sauberes Leitungswasser verwendet werden.

- nötige Elektrolysedauer mit dem H_2-Wasserionisierer (für 350 ml) je nach Mineralkonzentration ca. 6 bis 10 Minuten. (s. Tabelle 04, S. 203)

Anwendungsempfehlung bei Insektenstichen:

- Es wird geprüft, ob zuerst ein Stachel oder Spieß herausgezogen werden muss.

- Es kann ein Watte-Tipp mit pH 2.5 bis 1.8 A-CDL getränkt und auf die Stichstelle aufgetupft werden. Notfalls kann auch ein benässter Finger dazu verwendet werden. Der Finger wird ja durchs A-CDL desinfiziert.

- Vielfach ist Besprayen mit A-CDL die einfachste und bequemste beste Lösung.

- Eine Gaze oder ein Gewebe wird mit CDL / A-CDL getränkt und direkt auf die Stich- oder Bisswund bzw. Brandstelle gelegt. Dort bleibt sie, bis sie trocken ist.

- Der Vorgang kann beliebig oft wiederholt werden. Die Haut muss anschließend nicht mehr mit Wasser gewaschen werden. Es gilt auch für Verbrennungen. Auflage soll nicht luftdicht verschlossen sein(!)

Vergleiche mit Dr. Andreas Kalckers **Protokoll I** in http://www.vitaswing.de/a-cdl/protokoll_i.htm

Deodorant

- Empfohlene Konzentration: = >> 500 ppm CDL = pH 2.5 bis 2.0

- In normales, reines Leitungswasser kann Siedesalz, naturbelassenes Meer- oder Steinsalz oder Magnesiumöl beigefügt werden.

- Elektrolysedauer dafür je nach gewünschter Konzentration ca. 10-15 Minuten.

- Auch als Deo kann hochbasisches Katholyt (ab pH 11.5 verwendet werden, da es reinigt und zugleich desinfiziert.

- Auch 31%iges Magnesiumöl eignet sich für die Deo-Zwecke und Anwendungen.

Alle erwähnten Deoarten sind sehr wirksam gegen Achselgeruch, Fußgeruch, usw., da sie Bakterien und Pilze als Ursache für starken Körpergerucht bekämpfen und zerstören.

Man kann diese Deoarten direkt auf die Haut sprühen oder auftragen, ohne dass es später abgewaschen werden muss.

Vergl. Dr. Andreas Kalckers **Protokoll W** in http://www.vitaswing.de/a-cdl/protokoll_w.htm

Infektionen des Atemtraktes

Virus- und Bakterien-Infektionen oder auch Umweltgifte (z.B. von Chemtrails in Nanogröße) gelangen meist durch Nase und Mund in den Körper, speziell in die Lungenflügel.

Pathogene können allerdings auch auf anderen Wegen in den Körper gelangen, z.B. über die Haut, Schleimhäute, Augen, Ohren und Sexualorgane.

Durch die Schleimhaut des Atemtrakts gelangen die Pathogene ins Blut und in die Zellen des Atemtraktes, wo sie dann reproduziert und vervielfacht werden.

Mundspülung, Gurgeln

- Empfohlene A-CDL-Konzentration: 180 - 240 ppm = ca. pH 2.3 - 2.1)
- Elektrolysedauer dafür ca. 8-9 Minuten.
- Herstellung der Chlordioxidlösung ist (aus geschmacklichen Gründen) besser mit Magnesiumchlorid oder naturbelassenem Meersalz als mit Siedesalz im Elektrolysewasser des H_2-Wasserionisierers.

Diese Lösung ist gegen verschiedenste Mundprobleme, Krebsgeschwüre, Aphten, Abszesse, Mykosen etc. im Mund- und Rachenraum anwendbar.

Anwendungsmöglichkeiten: Mit kleiner Menge A-CDL

- Mund ausspülen
- gurgeln 3 - 4 Mal am Tag je 2 - 3 Minuten lang. Empfohlen wird das Gurgeln 2 bis 3 Mal pro Woche.
- Zähne mit A-CDL-benetzter Zahnbürste putzen und das Zahnfleisch massieren.
- Danach einfach den Mund mit Wasser ausspülen.

Dazu s. Dr. Andreas Kalckers **Protokoll J**: http://www.vitaswing.de/a-cdl/protokoll_J.htm

Die Konzentration kann bei Mundspülung und Gurgeln recht hoch sein, im akuten Notfall durchaus bis pH bis 2.2, weil **die durch Elektrolyse gewonnene Chlordioxidlösung sehr gering gepuffert ist**. Daher werden die Schleimhäute allenfalls gering gereizt, aber nicht geschädigt.

☞ Zu **Vorbeugezwecken** ist es sinnvoll und effektiv, vor dem Schlafengehen Mund und Nase mit CDL/A-CDL zu spülen (oder einzusprühen), d.h. beides zu desinfizieren und auf diese Weise verschiedene evtl. vorhandene Krankheitserreger zu stoppen.

(s. https://www.freizahn.de/2020/02/mehrzweckwaffe-gegen-viren-und-bakterien/#mundspuelmittel_mundgeruch)

In **Infektions- und Seuchenzeiten** sollte Mundspülung und Gurgeln morgens und abends, eventuell auch öfters pro Tag erfolgen. Zum Schluss ist es wichtig, den **Mund mit Wasser auszuspülen**.

Die Chlordioxid-Gurgellösungen töten Viren und Bakterien, welche sich im Rachen frei außerhalb der Zellen befinden.

So kann das Anstecken anderer durch Husten oder Niesen weitgehend verhindert werden.

Dasselbe ist zu empfehlen ☞ vor und nach Kontakten mit eventuell infizierten Mitmenschen (Shedding). Dies sei erstens sicherer und zweitens gesünder als das Tragen von Masken, in denen sich in der feucht-warmen Maske nachweislich Viren, Bakterien und Pilze konzentrieren!

Auch hier gilt das Prinzip: **Lieber öfter mit schwächerer Konzentration behandeln, als seltener mit starker Konzentration**.

S. auch den Beitrag: „Intervallgurgeln mit niedrig dosierter H_2O_2/Alkohol-Konzentration als lokale Antidocking Strategie am Hotspot Rachen" (https://gurgeln21.de/)

Nasentropfen

- Chlordioxidkonzentration je nach Erfordernis zwischen 60-120 ppm CDL = pH 3.0 bis 2.8 A-CDL mit H_2-Wasserionisierer herstellen.

- Je nach Infektionsstärke und Infektionshartnäckigkeit kann die Konzentration gewählt werden.

- Herstellung je nach Zweck mit Magnesiumöl oder naturbelassenem Meersalz im Umkehrkosmose- oder destilliertem Elektrolysewasser.

Alternativ empfiehlt Dr. A. Kalcker in seinem Protokoll O folgende Mischung für Nasentropfen:

- 50 ml physiologische Kochsalzlösung (0,9%)

- 1-2 ml CDL (= 60-120 ppm = pH 3.0 bis 2.8 A-CDL-Konzentration)

- 0,5 ml DMSO (70 %)

(http://www.vitaswing.de/a-cdl/protokoll_o.htm)

Bei einer Nasensprühflasche wird das gewünschte Mittel mittels eines Sprühsystems als feinverteiltes Aerosol auf die Nasenschleimhaut aufgesprüht. Dazu wird die Öffnung der Sprayflasche in das Nasenloch eingeführt und durch Betätigung der Sprühvorrichtung die Dosis freigesetzt.

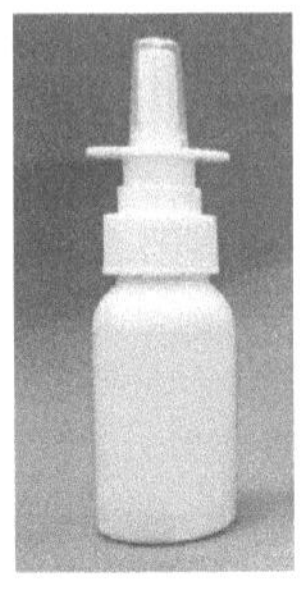

Eine Nasensprühflasche ist ein recht praktisches Mittel, um für Vorbeugezwecke oder zur Behandlung bei einer Infektion im Nasen- und Stirnhöhlenbereich eine mittelstarke Chlordioxidlösung in die Nasenlöcher unter Druck einzusprühen.

Dadurch bekommt man rasch die Nase frei, Verschleimungen lösen sich, eventueller Kopfdruck lässt rasch nach.

Statt mit einer Nasensprühflasche kann man die Nasentropfen auch mit einer Nasendusche (s. Bild) verwenden.

Zur Reinigung der Nasenlöcher mit Nasendusche können 10 bis 200 ml obiger Mischung nach Dr. Kalcker ein- bis zweimal täglich in jedes Nasenloch gegeben werden.

Auch hier gilt das Prinzip: Lieber öfter mit schwächerer Konzentration behandeln, als seltener mit starker Konzentration.

Nasenspülung bzw. Einsprayen mit 25-50 ppm CDL (oder bei Bedarf bedeutend höher) erwies sich als geeigneter Konzentrationsbereich für die Nasenspülung im Hinblick auf Sicherheit und Wirksamkeit gegen Infektionskrankheiten der Atemwege und Covid-19.

(s. https://t.me/Chlordioxid/1277)

Inhalation

- A-CDL-Konzentration: > 70 ppm bzw. pH unter 3,5
- Herstellung bevorzugt mit Magnesiumchlorid oder naturbelassenem Meersalz.

Inhalationen mit A-CDL sollten so erfolgen, dass das **Chlordioxid immer in wässriger Bindung** bleibt, – also z.B. in Dampf- oder Aerosolform.

Dann ist es ungiftig. Würde man das Chlordioxid in Gasform einatmen, würde es je nach Konzentration zwar schon durch wenige oder tiefe Atemzüge sehr rasch pathogene Keime im Atemtrakt und Lunge vernichten, aber auch die Schleimhäute reizen oder bei zu langer oder intensiver Einatmung die Schleimhäute auch schädigen können.

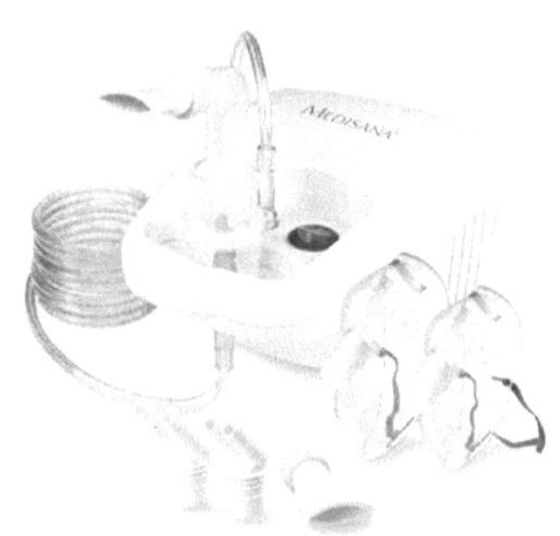

Alternative zu A-CDL: Auch die **Inhalation von vernebeltem Magnesiumchloridöl** kann hierbei hilfreich sein.

(http://www.vitaswing.de/gesund/magnesium/magnesiumchlorid.htm#Einatmen von vernebeltem Magnesiumchlorid)

Auch hier gilt das Prinzip: Lieber öfter mit schwächerer Konzentration inhalieren, als seltener mit starker Konzentration.

Bei Verdacht auf Infektionen mit hoher und/oder gefährlicher Virus- oder Bakterienlast – z.B. Coronamutanten, Bioterrorismus etc. - solle man gleich mit höheren A-CDL-Konzentrationen, z.B. ppm 100 oder höher (oder pH tiefer als 2.5) beginnen.

Dann kann in kurzen Zeitabständen weiter mit oral eingenommener A-CDL behandelt werden, um die Vermehrung und Sporenbildung zu stoppen.

Maskendesinfektion mit A-CDL oder Ozon

- Empfohlene Chlordioxid-Konzentration: >> 250 ppm bzw. pH-Anolyt unter 2.5.

- Als Mineralbeigabe ins Elektrolysewasser kann Siedesalz verwendet werden.

- Elektrolysedauer bei 2 g Siedesalz in 1 L. Wasser 4-10 Minuten.

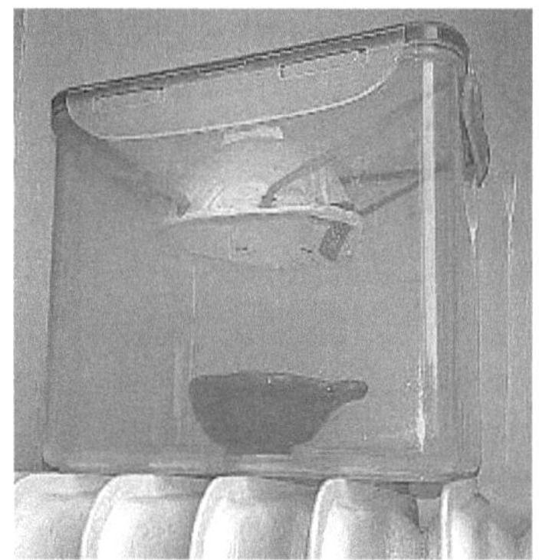

Mit stark konzentriertem A-CDL kann man auch **Mehrfachstoffmasken gut desinfizieren**, indem man sie z.B. in einem verschlossenen Behälter aufhängt, auf den Behälterboden in eine Schale/Tellerchen etwas hoch konzentriertes A-CDL füllt und den Behälter dann auf eine Heizung stellt. Das dabei austretende Chlordioxidgas vernichtet die Viren, Pilze, Sporen und Bakterien in der Maske. Danach soll die Maske aber gut gelüftet werden.

Wer einen <u>Ozongenerator</u> besitzt, kann auch Ozon mit einem Schlauch in einen solchen Behälter leiten. Je nach Leistungsfähigkeit des Ozongenerators erfolgt die Desinfektion der Maske innerhalb weniger Minuten. (s. http://www.vitaswing.de/gesund/sauerstoff/ozonwasser.htm)

Trägt man **ein Sprühfläschen mit A-CDL** (> 250 ppm, pH < 2.5) mit sich, kann man das **Maskeninnere damit auch besprühen, um pathogene Keime und Pilze an der Vermehrung zu hindern** und so Lungenerkrankungen durchs Maskentragen vorzubeugen.

Augentropfen

- Die Chlordioxidkonzentration kann zwischen 15-30 ppm bzw. pH 5.5 – 3.0 betragen.

- Je nach Infektionsstärke und Infektionshartnäckigkeit kann die Konzentration auch stärker gewählt werden.

- Für das Elektrolysewasser des H_2-Wasserionisierers sollte man **ausschließlich steriles Wasser oder gefiltertes entmineralisiertes Umkehrosmose-Wasser** verwenden. Herstellung je nach Zweck mit Magnesiumöl oder naturbelassenem Meersalz im Elektrolysewasser.

Eine Augenspülung kann der **Vorbeugung einer Infektion** z.B. vor kritischen Kontakten (Shedding) dienen oder zur **Behandlung** einer schon eingetretenen Infektion.

Dr. Kalcker empfiehlt folgende Augentropfenmischung:

- 50 ml physiologische Kochsalzlösung (0,9%)

- 1-2 ml CDL (= 60-120 ppm = pH 3.0 bis 2.8 A-CDL-Konzentration)

- 0,5 ml DMSO (70 %)

Jede Stunde oder alle zwei Stunden 1 oder 2 Tropfen mit obiger Mischung in das betroffene Auge einträufeln.

Zum Einträufeln von Chlordioxidlösung ins Auge eignen sich verschiedene Arten von Tropfflaschen.

Auch hier gilt das Prinzip: Lieber öfter mit schwächerer Konzentration behandeln, als selten mit starker Konzentration.

Vor Gebrauch sollte man die Hände mit A-CDL (> 250 ppm, pH <2.5) desinfizieren.

Video Augentropfen richtig anwenden: https://www.bing.com/videos/search?q=augentropfen&docid=607991735722511656&mid=3304E6EBFC3644F5A56A3304E6E BFC3644F5A56A&view=detail&FORM=VIRE
s. auch Dr. Kalckers Protokolle O: https://t.me/Chlordioxid/367, https://t.me/Chlordioxid/368, https://t.me/Chlordioxid/366

Ohrentropfen

- Chlordioxidkonzentration je nach Erfordernis zwischen 60-120 ppm CDL = pH 3.0 bis 2.5 A-CDL mit H_2-Wasserionisierer herstellen.

- Je nach Infektionsstärke und Infektionshartnäckigkeit kann die Konzentration gewählt werden.

- Herstellung je nach Zweck mit Magnesiumöl oder naturbelassenem Meersalz im Umkehrkosmose- oder destilliertem Elektrolysewasser.

- Elektrolysezeit ca. 5-7 Minuten.

Für das Füllen des Gehörgangs mit A-CDL können die gleichen Gefäße wie für die Augenspülung verwendet werden.

Es kann statt des Einträufelns auch ein befeuchteter Umschlag über der Ohrmuschel angebracht werden.

Einläufe

Darmspülung (Rektalspülung)

CD-Herstellung:

- Empfohlene Chlordioxid-Konzentration 30 ppm CDL = ca. pH 3.4 A-CDL

- Dazu destilliertes oder Umkehrosmosewasser verwenden. Ins Elektrolysewasser entweder naturbelassenes Meersalz/Steinsalz oder Magnesiumöl beifügen.

- Im H_2-Wasserionisierer werden 350 ml dieser Konzentration in 1 1/2 bis 2 Minuten erreicht.

Durch einen Einlauf mittels <u>Irrigator</u> wird das A-CDL direkt von den Darmwänden des Dickdarms aufgenommen und über die Pfortader zur Leber transportiert.

Im Protokoll E beschreibt Dr. A. Kalcker dazu:

„Ein solcher Einlauf hat sich **bei allen Arten von chronischen Krankheiten und bei Autoimmunerkrankungen**, aber auch **für Leber, Nieren und Darm** als äußerst wirksam erwiesen.

Bei folgenden Problemen hat es sich als hilfreich erwiesen:

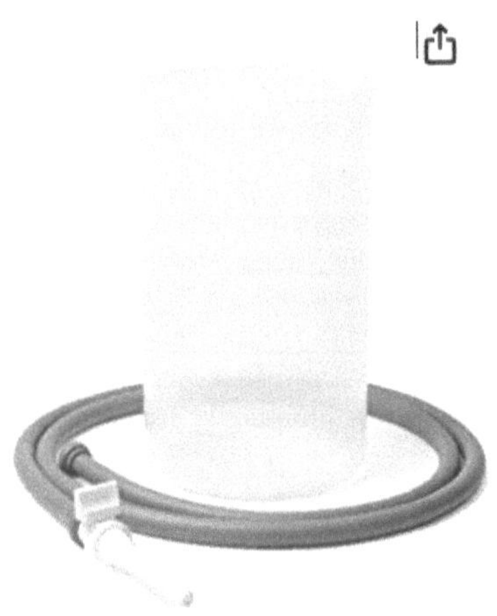

- Leberproblemen
- Vergiftungen
- Divertikulitis, Entledigung von Darmparasiten und Darmschleim
- Nierenproblemen
- chronischen Erkrankungen
- Autoimmunerkrankungen.

Durchführung mit Irrigator

- den Irrigator mit warmem Wasser (1 bis 2 Liter) füllen.
- A-CDL (30 ppm = 3.4 - 3.0 pH) direkt in den Irrigator einfüllen.
- Gleitmittel auf das Ende des Irrigators auftragen und Endstück in das Rektum einführen.
- Am besten ist es, dabei auf der rechten Seite zu liegen, und zwar wegen der Form des Dickdarms.
- Sobald wir uns hingelegt haben, öffnen wir das Ventil und der Darm beginnt sich zu füllen. (das Ventil befindet sich am Ende des Rohres)
- Versuchen, die Flüssigkeit mindestens 3 Minuten im Darm zu behalten. Mehr als 5 Minuten sind nicht notwendig.

Anwendungshäufigkeit

Die Häufigkeit der Prozedur-Wiederholung von Einläufen hängt vom Gesundheitszustand und der Verträglichkeit jedes Einzelnen ab.

- Schwere Fälle: bis zu einmal täglich, vorzugsweise nachts.

- Standardprotokoll: alle 2 oder 3 Tage für 2 Wochen.

Wissenswertes

Die meisten chronischen Krankheiten haben ihren Ursprung im Magen
- Darm - Trakt.

- Chlordioxid beseitigt die Gifte und zersetzt Verklebungen und verkapselte Fäkalien.

- Es beseitigt Biofilm, Bakterien, Parasiten, Candida und andere Pilze, die sich nicht im pH - Gleichgewicht mit dem Körper befinden.

s. Protokoll E von Dr. Andreas Kalcker: http://www.vitaswing.de/a-cdl/protokoll_e.htm

Als Video: https://t.me/Chlordioxid/342

Vaginalspülung

Mit einem Irrigator (Vaginaldusche) kann die Spülung vorgenommen werden.

- Dazu destilliertes oder Umkehrosmosewasser verwenden. Ins Elektrolysewasser entweder naturbelassenes Meersalz/Steinsalz oder Magnesiumöl beifügen.

- Konzentration 30-40 ppm CDL = ca. pH 3.3 – 3.0 A-CDL-Konzentration.

- Dafür nötige Elektrolysedauer für 350 ml A-CDL ca. 2 1/2 bis 3 Minuten.

Wer keinen Irrigator auftreiben kann, kann auch eine **normale PET - Flasche**, die natürlich vorher desinfiziert werden muss, verwenden.

Ein Vaginalspülung mit Chlordioxidlösung soll besonders hilfreich sein bei:

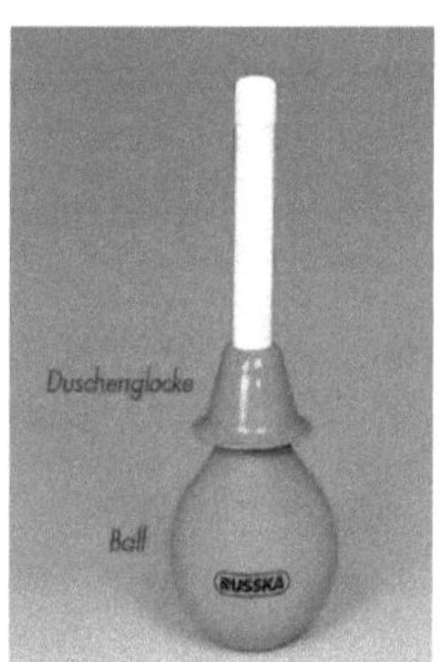

- allen Problemen im Bereich der Vagina

- Candidiasis

- Zystitis (Blasenentzündung)

- Mycose (Pilzinfektionen)

- Polypen

- Nierenproblemen

- HPV (humanem Papilomavirus)

- Sexuell übertragbaren Krankheiten

Anwendung: Man setzt sich in die Badewanne, führt die Spülung in die Scheide ein und bewirkt durch das Zusammendrücken und Loslassen der Flasche ein Hin- und Herfließen der Flüssigkeit in der Scheide, die auf diese Weise vollkommen gereinigt wird.

Diese Bewegung sollte 3 bis 5 Minuten aufrechterhalten werden.

Es ist besser, das Chlordioxidwasser mit Körpertemperatur zu verwenden, da dies als angenehmer empfunden wird.

Vorsichtsmaßnahmen

- Dieses Protokoll darf nicht angewendet werden bei Frauen kurz nach einer Operation oder kurz nach einer Entbindung. Nach einer Geburt oder Operation sind 40 Tage abzuwarten.

- Es ist bei der Spülung zu vermeiden, dass Luft in die Scheide gelangt.

- Dieses Protokoll kann mehrmals täglich angewendet werden.

Nach Dr. Andreas Kalcker Prokololl V in http://www.vitaswing.de/a-cdl/protokoll_v.htm

Quelle Video von Dr. Andreas Kalcker in https://t.me/Chlordioxid/381

Gegenstände desinfizieren

- Empfohlene Chlordioxid-Konzentration: >> 250 ppm bzw. pH-Anolyt 2.9 bis 2.0.

- Als Mineralbeigabe ins Elektrolysewasser kann preiswertes, raffiniertes Siedesalz ohne Zusätze verwendet werden.

- Elektrolysedauer je nach gewünschter Chlordioxidkonzentration 10-15 Minuten.

Eine Ansteckung durch Haut, Schweiß, Körpersekrete oder durch Kontakt mit Gegenständen, z.B. Türschnallen, Stühlen, Bänken, Tischen, Decken, Kopfkissen, Bettdecken, Bettlaken, Einkaufswagen etc. ist je nach Erregerart –  vor allem bei Einsatz von Biowaffen – möglich.

Bild von Von Claudio Bianchi Sprühdesinfektion: https://pixabay.com/de/photos/covid19-coronavirus-quarant%C3%A4ne%2C-5147098/

Es kann nötig sein, Spielzeug, Tapeten, Wände, Fliesen, Teppiche, Fußböden, Möbel etc- zu dekontaminieren. Auch die Kontamination von Lebensmitteln durch Chemikalien, Chemtrailsniederschläge oder radioaktiven Fallout sollte in Betracht gezogen werden.

Ebenso kann das bei gleicher Elektrolysedauer entstehende hochbasische **Katholytwasser über pH 12.0 für die Reinigung und zugleich Desinfektion der Gegenstände** verwendet werden.

Sowjetische (vor rallem usbekische) Forschungen während des kalten Krieges bewiesen, dass Chlordioxid bei Infektionen oder Vergiftungen durch Viren, Bakterien, Pilze, giftige Metalle, biologische, chemische und radioaktive Gifte durch entsprechender CD-Konzentration zur Vorbeugung und zum rascheren Abbau solcher Kontaminationen erfolgreich verwendet werden kann.

Raumluftdesinfektion

Die Luft in bewohnten Innenräumen sollte immer wieder desinfiziert werden, wenn sich infizierte Menschen darin aufhalten.

Sie kann durch Versprühen von A-CDL erfolgen.

- Empfohlene Chlordioxid-Konzentration: >> 250 ppm bzw. pH-Anolyt zwischen 2.8 bis 2.0.

- Als Mineralbeigabe ins Elektrolysewasser eignet sich preiswertes raffiniertes Siedesalz (NaCl).

- Elektrolysedauer für 350 ml: 4-10 Min. (s. Tabelle 04, S. 203)

- Sofern man sich während der Anwendung im Raum befindet und Chlordioxidgeruch deutlich wird und z.B. Atemreizung oder Brennen in den Augen auftritt, sollte man den Vorgang beenden und kräftig durchlüften bzw. den Raum verlassen.

- Da in Wasser gelöstes Anolyt-Chlordioxid ungiftig und nur ganz gering gepuffert ist, sind selbst für professionelle Sprühaktionen **weder Atemmaske, noch Brille und auch keine Ganzkörperschutzanzüge nötig**.

Auch **Ozongeneratoren** sind zur Raumluftdesinfizierung hervorragend geeignet. Dabei dürfen aber keine Menschen im Raum bleiben. Türen und Fenster müssen geschlossen bleiben und nach Beendigung sollte gut durchgelüftet werden.

Ozongeneratortests: https://www.vergleich.org/ozongenerator/?msclkid=e752bed683eb154d67a2defb7dee07e2&utm_source=bing&utm_medium=cpc

Umweltdekontamination

Die chinesische Luftfahrtbehörde empfahl die Verwendung von **250 ppm-Chlordioxidlösung (Anolyt pH 2.2)** als Sprühmittel gegen das Coronavirus zur **Sprühdesinfektion, zur Oberflächendesinfektion und für die Desinfektion der Raumluft** unter dem Titel "Preventing Spread of Coronavirus Disease 2019 (COVID-19); Guideline for Airport."

- Empfohlene Chlordioxid-Konzentration: >> 250 ppm bzw. pH-Anolyt zwischen 2.8 bis 2.0.

- Als Mineralbeigabe ins Elektrolysewasser eignet sich preiswertes raffiniertes Siedesalz (NaCl).

- Elektrolysedauer für 350 ml: 4-10 Min. (s. Tabelle 04, S. 203)

(https://www.freizahn.de/2020/02/mehrzweckwaffe-gegen-viren-undbakterien/#die_chinesische_luftfahrtbehoerde_empfiehlt_die_verwendung_von_clo2_als_mittel_gegen_das_coronavirus)

Bild von svklimkin: https://pixabay.com/de/photos/coronavirus-infektion-quarant%C3%A4ne-5371365/

Sofern für solche Sprüh- und Reinigungsaktionen Chlordioxidlösung verwendet wird, sind wegen seiner Ungiftigkeit allerdings weder Atemmaske, noch Brille und auch keine Ganzkörperschutzanzüge nötig.

Bei ordnungsgemäßer Dosierung ist selbst die stärkste Anolyt-Chlordioxidlösung ungiftig und auch nicht ätzend für Haut und Schleimhaut, da sie nur ganz gering gepuffert ist.

Oxidantien gegen Impfschäden?

Da Chlordioxidlösung (CDL/A-CDL) auch Gifte verschiedenster Art durch Oxidation äußerlich und innerlich unschädlich machen kann, könnte es möglicherweise auch Schäden durch Impfgifte verschiedenster Art vorbeugen bzw. sie mildern oder bestenfalls beheben.

Mehr über „Impfschaden - Hilfe mit Oxidantien?" Dr. Andreas Kalcker: https://t.me/Chlordioxid/1851 (Video 49 Min.)

- Empfohlene Chlordioxid-Konzentration: >> 250 ppm bzw. pH-Anolyt zwischen 2.8 bis 2.0.
- Als Mineralbeigabe ins Elektrolysewasser (reines Leitungswasser, destilliertes oder Umkehrosmosewasser) eignet sich preiswertes raffiniertes Siedesalz (NaCl), Meer/Steinsalz oder Magnesiumchlorid .
- Elektrolysedauer für 350 ml: 4-10 Min.

☞ **Äußere Anwendung:** Damit möglichst rasch nach einer Impfung ein **Pflaster oder eine Auflage tränken und auf die Einstichstelle kleben bzw. binden** und länger einwirken lassen.

Oral eingenommenes und aerolsolinhaliertes A-CDL könnte nach allen bisherigen Erfahrungen mit Giften auch einen großen **Teil der eingeimpften Gifte und genverändernden mRNA-Stoffe oxidieren und neutralisieren**. Einnahmedauer: Evtl. wochen- oder monatelang.

☞ Die oral zugeführte Dosis kann wie üblich relativ schwach (30 ppm, pH 5.5) beginnen, und bei Verträglichkeit zügig auf bis zu 100 ppm (pH 2.4) oder mehr gesteigert werden. Selbst wenn bei stärkeren Dosen Herxheimer-Reaktionen auftreten, dürften sie das kleinere Übel darstellen. (S. https://de.wikipedia.org/wiki/Jarisch-Herxheimer-Reaktion)

Da die mRNA-Impfstoffe in einer Fettumhüllung (durch Lipidnanopartikel) geschützt werden, könnte sich eventuell auch **wasserstoffreiches, basisches Wasser mit pH > 11,5 nützlich** erweisen, weil es die Fettumhüllung des Impfstoffes auflösen und dessen Inhalt gleichzeitig desinfizieren kann.

Dr. A. Kalcker empfiehlt ein umfassendes Konzept, wie Impfschäden – z.B. durch mRNA-Spritzen – vorgebeugt bzw. sie behandelt werden können. Dabei spielt CDL eine tragende Rolle. Mehr dazu:

- https://t.me/Chlordioxid/2386
- https://t.me/Chlordioxid/2390
- https://t.me/Chlordioxid/2391

Immunstärkende weitere Maßnahmen

Da die therapeutische Hauptwirkung von Chlordioxid unverkennbar im Stoppen der Mikrobenvermehrung bzw. im Vernichten von zu viel pathogenen Mikroben, die sich im sauren Mileu entwickelt haben, liegt, sind nach abbauenden bzw. zerstörenden Säureeffekten nach Möglichkeit ausleitende, aufbauende, stärkende, energetisierende, harmonisierende Maßnahmen angebracht. Nach einer Anwendung von stark saurer A-CDL sollte man zur Erzielung nachhaltiger Effekte mit einbeziehen

- täglich ca. 1-2 Ltr. Basenwasser (Katholyt) mit 8-10 pH und ca. -700 bis 900mV Redoxpotential noch am selben Tag und an den folgenden Wochen zur Kompensation der Säure. (www.vitaswing.de/gesund/ph-milieu/phorp-werte.htm#Was_ist_das_Redoxpotential?)

- **Mikrozeolith** zur Entgiftung des Darms und zum Abtransport von toten Mikroben und Schlacken. (www.vitaswing.de/gesund/ernaehrung/Mikrozeolith.htm)

- **Bio-Lichtkonzentrate** zur Energetisierung, Informierung (Lichtquanten und Lichtfrequenzen) und Harmonisierung. (http://www.vitaswing.de/jl/hson/)

- genügend **Bewegung**, z.B. durch Trampolin (http://www.vitaswing.de/gesund/bewegung/trampolin.htm)

- Nordic Walking (http://www.vitaswing.de/gesund/bewegung/walking.htm)

- Sport, Rüttelplatte.

Sonstige immunstärkende Maßnahmen:

(http://www.vitaswing.de/gesund/immunsystem/)

- Viel Sonnenlicht:

  http://www.vitaswing.de/gesund/immunsystem/immunstaerkung-organisch.htm#Bedeutung des Sonnenlichtes

- Sauerstoff, reine Luft

  http://www.vitaswing.de/gesund/immunsystem/immunstaerkung-organisch.htm#Bedeutung des Sauerstoffes, reiner Luft

- **Frisches, sauberes Wassers**:

  http://www.vitaswing.de/gesund/immunsystem/immunstaerkung-organisch.htm#Bedeutung frischen, sauberen Wassers

- **Vollwertiges Salz**:

  http://www.vitaswing.de/gesund/immunsystem/immunstaerkung-organisch.htm#Bedeutung vollwertigen Salzes

- Hautreizungen, Reflexzonenmassagen:
  http://www.vitaswing.de/gesund/haut/index.htm

- **Stillen von Säuglingen**: http://www.vitaswing.de/gesund/immunsystem/immunstaerkungorganisch.htm#Stillen

- möglichst frische, schadstoffarme, **basische Bio-Nahrung.**
  (http://www.vitaswing.de/gesund/ph-milieu/basen.htm)

- **Einfache, nicht zu vielfältige Ernährung**: http://www.vitaswing.de/gesund/immunsystem/immunstaerkung-organisch.htm#Einfache, nicht zu vielfältige Ernährung

- **Nur wenig und ausgewählte Fleischnahrung!** http://www.vitaswing.de/gesund/immunsystem/immunstaerkung-organisch.htm#Nur wenig und ausgewählte Fleischnahrung!

- **Mäßigkeit in Essen und Trinken**: http://www.vitaswing.de/gesund/immunsystem/immunstaerkung-organisch.htm#Mäßigkeit in Essen und Trinken

- Pflanzliche Speisen:
  http://www.vitaswing.de/gesund/immunsystem/immunstaerkung-organisch.htm#Pflanzliche Speisen sind am gesündesten

- **Trennkos**t: http://www.vitaswing.de/gesund/immunsystem/immunstaerkung-organisch.htm#Trennkost

- **Frische, reine Nahrungsmittel gut zubereiten!** http://www.vitaswing.de/gesund/immunsystem/immunstaerkung-organisch.htm#Frische, reine Nahrungsmittel gut zubereiten!

- Verzicht auf schädliche Genußmittel: http://www.vitaswing.de/gesund/immunsystem/immunstaerkung-organisch.htm#Verzicht auf schädliche Genußmittel

- **Keine säurebildende, zu stark gewürzte und konservierte Nahrung oder Getränke!** http://www.vitaswing.de/gesund/immunsystem/immunstaerkung-organisch.htm#Keine säurebildende, zu stark gewürzte und konservierte Nahrung oder Getränke!

- **Verzicht auf Süßes und Schleckereien**: http://www.vitaswing.de/gesund/immunsystem/immunstaerkung-organisch.htm#Verzicht auf Süßes und Schleckereien

- **Kein Nikotin**, (Schnupf)Tabak: http://www.vitaswing.de/gesund/immunsystem/immunstaerkung-organisch.htm#Nikotin, (Schnupf)Tabak

- **Keinen Bohnenkaffee:** http://www.vitaswing.de/gesund/immunsystem/immunstaerkung-organisch.htm#Bohnenkaffee

- **Wenig Schnaps, Liköre, Bier**: http://www.vitaswing.de/gesund/immunsystem/immunstaerkung-organisch.htm#Schnaps, Liköre, Bier

- **Wein, mit Wasser gemischt**: http://www.vitaswing.de/gesund/immunsystem/immunstaerkungorganisch.htm#Wein

- **Fasten:** http://www.vitaswing.de/gesund/immunsystem/immunstaerkung-organisch.htm#Fasten

Naturnahe Lebensführung

- **Naturnahes Leben und Abhärtung**: http://www.vitaswing.de/gesund/immunsystem/immunstaerkung-organisch.htm#Naturnahes Leben und Abhärtung

- **Aktivität und Erholung**: http://www.vitaswing.de/gesund/immunsystem/immunstaerkung-organisch.htm#Aktivität und Erholung

- **Bergaufenthalte:** http://www.vitaswing.de/gesund/immunsystem/immunstaerkung-organisch.htm#Bergaufenthalte

- **Hautmassage; Reflexzonenmassagen**: http://www.vitaswing.de/gesund/haut/

- **Ausreichend Schlaf und Erholung**: http://www.vitaswing.de/gesund/immunsystem/immunstaerkung-organisch.htm#Schlaf und Erholung

- **Sauberkeit, körperliche Reinheit, Hygiene**: http://www.vitaswing.de/gesund/immunsystem/immunstaerkung-organisch.htm#Sauberkeit, körperliche Reinheit, Hygiene

- **Sexuelle Ordnung**: http://www.vitaswing.de/gesund/immunsystem/immunstaerkung-organisch.htm#Sexuelle Ordnung

- **Gesunde Bekleidung**: http://www.vitaswing.de/gesund/immunsystem/immunstaerkung-organisch.htm#Gesunde Bekleidung

A-CDL pH 5.5 bis 3.0: Sonstige Anwendungen

Bisher berichtete ich vor allem über die Anwendungen von A-CDL im Gesundheitsbereich. Damit ist allerdings nur ein kleiner Teil der Anwendungsmöglichkeiten dargestellt. Es gibt für das saure, ionisierte Wasser noch viele andere Anwendungsformen, die je nach ppm- bzw pH-Stärke wechseln.

- Bei pH 5.5 bis 4.0 hat das schwach saure A-CDL bereits **zusammenziehende, reinigende und schwach desinfizierende Wirkungen**. Es wird in diesem Bereich z.B. eingesetzt für Hautreinigung, Schönheitsanwendung, nach einem Bad oder Dusche, zum Verschließen der Hautporen nach Waschen der Haut.

- pH unter 4.0 bis 3.0 desinfiziert, entgiftet und reinigt schon deutlich stärker.

Hygienebereich-Anwendungen

A-CDL (pH 5.5 bis 3.0) kann **im Hygienebereich** je nach pH-Konzentration verschiedenartig innerlich und äußerlich eingesetzt werden, z.B. bei

Einsatz für hygienische und kosmetische Zwecke

- **Haut- und Gesichtspflege**: gewaschene, besprühte oder befeuchtete Stellen trocknen lassen. Die zusammenziehende Wirkung des A-CDL stärkt und festigt die Haut. Die Haut wird weicher.

- **Gesicht** damit waschen verringert oder beseitigt **Hautunreinheiten** (z.B. Akne und Mitesser), desinfiziert die Haut.

- **dunkle Hautflecken** lassen sich aufhellen.

- **Mund** vor dem Zähneputzen mit saurem Wasser spülen, oder A-CDL mit der Munddusche anwenden desinfiziert und schützt so Zahnfleisch und Zähne.

- Man kann es auch als Tonikum nach der **Rasur** verwenden.

Badewasserzusatz

A-CDL (pH 5.5 bis 3.0)

- hält die Wanne von Schmutzrändern frei.

- durchwärmt den Körper und sorgt für eine schöne Haut.

Haarpflege

A-CDL (pH 5.5 bis 3.0)

- macht **Anstelle eines Haarspülmittels** nach dem Shampoonieren Haare weich und glänzend.

- reduziert lästige **Verfilzungen.**

Fellpflege bei Haus- und Nutztieren

A-CDL (pH 5.5 bis 3.0)

- eignet sich hervorragend zum **Striegeln von Tieren.**

- macht durch Bürsten das **Fell weich und schimmernd**.

Verwendung beim Kochen

A-CDL mit pH 5.5 bis 3.0

- gibt beim **Kochen von Teigwaren** eine ‚al-Dente'-Konsistenz. Zum Kochen von dickeren Nudelsorten sollte man jedoch lieber Katholyt verwenden.

- verkürzt beim **Kochen von Hülsenfrüchten** wie Erbsen, Bohnen, Kidneybohnen die Garzeit, weshalb darauf zu achten ist, dass die Hülsenfrüchte nicht überkocht werden.

- im **Ausbackteig** zum Frittieren macht es Teig schön und knusprig. Er wird nicht ölig, sondern bleibt knusprig, auch wenn das Gargut längere Zeit stehen gelassen wird.

- bewirkt, wenn **Eier** darin gekocht werden und platzen, dass das Ei-gelb nicht ins Wasser austritt. Die **Eierschalen** lassen sich sehr leicht abschälen.

- **belässt die Farben** unverändert beim Waschen und Zubereiten von anthozyanin-haltigen Früchten und Gemüsen - z.B. Kirschen, Pflaumen, roten Trauben, Erdbeeren, Rotkohl, Auberginen, Soja-bohnen, Spargel.

Entkalken, Reinigen von braunen Teerändern

A-CDL mit pH 5.5 bis 3.0

- reinigt **angebrannte Töpfe und Pfannen** von Flecken, Ruß und Fett gut und leicht, wenn sie zuvor über 24 Stunden darin einge-weicht werden.

- macht **Geschirr und Gläser** funkelnd sauber, löst Kalkschleier auf.

- reinigt **Parkettböden, Keramikfliesen** usw., ohne klebrige Spuren zu hinterlassen.

- **poliert alle Glasartikel**, z.B. Spiegel, Brille, Fensterglas und bringt sie zum Glänzen.

- macht **Wäsche weich**, wenn sie vor dem Schleudern darin eingetaucht wird.

A-CDL pH 2.8 bis 2.0: Desinfektion, Sterilisierung

A-CDL zwischen pH 2.8 und 2.0 wird vor allem für Desinfektions- und Entgiftungszwecke in vielerlei Bereichen eingesetzt.

Mit einem H_2-Wasserionisierer können noch tiefere pH-Konzentrationen bis 1.5 hergestellt werden.

Dazu kann man demineralisiertes Siedesalz ($NaCl$) oder naturbelassenes Meersalz / Kristallsalz ins Elektrolysewasser geben.

Bekannt ist, dass

- pH 2.5-Konzentration innerhalb weniger Minuten chirurgische Gefäße, Besteck, Behälter, Flaschen, Oberflächen, Haut, Finger, Zahnbürste etc. desinfizieren kann.

- ☞ ab pH 2.2 und tiefer könne es in Sekunden alle krankheitserregenden Keime (incl. antibiotikaresistenten Krankenhauskeimen!!) sicher vernichten bzw. alles noch intensiver, zuverlässiger und rascher sterilisieren / desinfizieren!!

Beachten: Bei rostanfälligen Metallutensilien wie Messern kann Korrosion auftreten, wenn sie mit stark saurem A-CDL abgewaschen werden. Metallutensilien sollte man deshalb nach Kontakt mit A-CDL noch mit Leitungswasser abspülen, oder mit einem Tuch abtrocknen, um ihre Lebensdauer zu verlängern.

Im Hygienebereich

Stark saures A-CDL (200-500 ppm) tiefer als pH 2.8 kann im Hygiene- oder Klinikbereich u.a. äußerlich verwendet werden

- zum **Händewaschen/Desinfizieren** in Krankenhäusern, Hygieneeinrichtungen, Reinräumen.

- zur **Wunddesinfektion** als **Desinfektionsmittel** anstatt von Alkohol, Jod und Natriumhypochlorid.

- zur **Sterilisation** von Verbandsstoffen, OP-Besteck, Spritzen, Krankenpflegemitteln. (pH 2.2)

- **Sanitärgegenständen,** z.B. Zahnputzbecher, Zahnbürste, Waschbecken, Badewanne, Toilette, Sauna, Schwimmbädern.

- zur **Ansteckungsprophylaxe** gegen die Verbreitung von Infektionen, z.B. im Wischwasser, für Krankenkleidung, Bettwäsche, Matratzen, Bettpfannen, Urinflaschen.

In Küche und Haushalt

Stark saures A-CDL (pH 2.8-2.0) ist in Küche und Haushalt vielseitig nützlich, sei es durch Waschen, Eintauchen, Einlegen oder Versprühen, z.B. zur Desinfizierung von

- **Händen** vor dem Kochen: zunächst gründlich die Hände waschen und sie dann zur Desinfektion mit stark saurem Aktivwasser abwaschen und trocknen lassen.

- **Geschirr**, Besteck, Spülbecken, Küchengeräten. Danach alles abspülen und gründlich trocknen lassen.

- Handybildschirm, PC-Tastatur.

- **Textilien**, z.B. von Abwaschtüchern, Lappen, Waschlappen, Wischtüchern, Handtüchern, Bettwäsche, Kleidern, Socken.

- **Flaschen- und Behältern,** z.B. von Babyflaschen, Trinkflaschen, Einmachgläsern, Vorratsbehältern, Wassertanks und Lebensmitteltonnen.

- **Kräutern**, Pharmazeutika und dergleichen.

- **Abfall**, z.B. von Plastikabfällen und sonstigen Abfällen (besprühen, abwaschen).

- **Ablaufrohren und zur Biofilmentfernung aus Leitungen:** zwar ist A-CDL nur wenig gepuffert und kann daher intensiv und ausreichend lange einwirken, ohne Metall rasch zu korrodieren. Aber dennoch sollte nach jedem Reinigungs-/Entkeimungsvorgang genügend Leitungswasser nachgegossen werden, um Korrosion zu verhindern.

Bei Lebensmitteln, Pflanzen

Sobald Lebensmittel, Obst, Gemüse, Getreide oder sonstige Lebensmittel oder Blumen geerntet wurden, beginnen Alterungs- und Zersetzungsprozesse durch das Entweichen des Wasserstoffgases und durch Pilze, Bakterien etc.

Stark saures A-CDL (pH 2.8 - 2.0) kann durch Besprühen, Vernebeln, Waschen, Eintauchen, Einlegen die Zersetzungsprozesse stoppen oder verlangsamen. Dadurch bieten sich viele Einsatzmöglichkeiten, z.B. für

- **Entkeimung von Wasser (z.B. von Legionellen) und Lebensmitteln**, sodass Wasser- und Lebensmittelvergiftungen durch schädliche Keime verhindert werden können.

- **Reinigen von Lebensmitteln**: zunächst Reinigung unter fließendem Wasser, dann das Lebensmittel in Behälter oder Becken mit stark saurem A-CDL für kurze Zeit einlegen oder eintauchen.

- **Verlängerung der Haltbarkeit und Lagerbarkeit** von Obst, Gemüse, Getreide, Mehl, Gewürzen, Grünfutter, Tierprodukten.

- **Schutz empfindlicher Lebens- und Genussmittel** vor schädlichen Mikroben. Dadurch ihre **Verwendbarkeit und Transportfähigkeit verlängern**, z.B. von Fleisch, Fischen, Meeresfrüchten, Speiseeis, Ölen, Fetten.

- **Herstellung von Diäteiern**: Eier gut waschen und dann 2 Minuten in A-CDL (mit ca. 2.5 -3,5 pH) einlegen. Danach trocknen lassen oder abtrocknen. A-CDL vernichtet Staphylokokken und verlängert die Haltbarkeit von Eiern.

- **Verlängerung der Haltbarkeit von Gefrierprodukten**: Speiseeis, Fleisch, Fisch und Shrimps vor dem Einfrieren mit A-CDL besprühen oder darin eintauchen, um sie zu entkeimen. Nach dem Auftauen erneut besprühen oder in A-CDL eintauchen, damit der Geschmack nicht leidet und der Zersetzungsprozess gestoppt oder verlangsamt wird.

- als Zugabe in das Wasser von **Schnittblumen,** um sie länger frisch zu halten.

Flächendesinfektion

Mit Sprühgeräten, Aerosolgeräten, Verneblern, Verdampfern kann A-CDL verbreitet werden. (ppm 250 oder mehr)

- zur **Räume-Desinfektion** durch Vernebeln, Verdampfen, Sprühen.

- zur **Seuchenprophylaxe**: Raumdesinfektion.

- ☞ zur **Dekontamination** von vergifteten, verseuchten, radioaktiv verstrahlten Personen, Pflanzen, Tieren, Gegenständen, Böden

Garten und Bio-Landwirtschaft

Grundsätzlich sind die Anwendungsmöglichkeiten für A-CDL und Katholyt im privaten oder professionellen Einsatz gleich. Sobald jedoch größere Mengen davon benötigt werden, kommen die H_2-Wasserionisierer rasch an ihre Grenzen.

Für den **professionellen Einsatz** gibt es inzwischen für jede Größenordnung Geräte zur Herstellung von Anolyt und Katholyt. Da aber nahezu jeder Hersteller solcher Geräte seinen basischen und sauren Elektrolyseprodukten einen anderen Namen gibt, sind solche Hersteller im Internet nicht ganz leicht und rasch zu finden. Im Anhang führe ich einige Firmen auf, von denen auch teilweise folgende Anwendungshinweise stammen.

Stark saure A-CDL (pH 2.8 – 2.0) hat sehr starke Entkeimungs- und Desinfektionswirkungen, und kann daher als hocheffektives, überaus preiswertes, nebenwirkungsfreies und umweltfreundliches Mittel in der Landwirtschaft verwendet für

- Wasserentkeimung.
- **Pflanzenschutz, z.B.** von **Pilzschädlingen** z.B. im Gemüse-, Obst- und Weinbau, vor allem auch in **Treibhäusern**.
- Beseitigung von viralen und bakteriellen Krankheitserregern.
- **Schädlingsbekämpfung** bei **Blattlaus** und anderen Schädlingen.
- **Entgiftung von Blumenerde**, Beete, Erde, z.B. in Gewächshäusern.
- **Bienenstöcke, Honigwaben** und anderes Imkerunventar.
- Keimreduktion an **Korn** vor der Lagerung und dem Saatgut vor der Aussaat.
- Brauchwasserreinigung für die **Getreidebesprühung.**
- **Silos** durch Kaltvernebelung und **Vorbehandlung von Grünfutter-Silage**: Gleichmäßiges Besprühen mit A-CDL im Mischverhältnis von 15- 60 Liter auf 1 Tonne Grünfutter, Gemüse und Früchte. Die Qualität der Silage oder Heu bekommt Spitzenwerte.

Viehbestand, Tierhaltung

Im Rahmen von Tierhaltung ist starke A-CDL (pH 2.9-2.0) bestens einsetzbar zur Desinfektion

- bei **Verletzungen**, offenen Wunden, von Euter etc.
- von **Tränk- und Gießwasser** und Abwässer in Schweinezucht, Geflügelhaltung, Rinderhaltung.
- gegen **Durchfall** von Haustieren und Hausvögeln.
- bei **Bakterienbefall** in der Mast.
- gegen **Huffäule, Ringwürmer, Hühnerpest** und Atemwegsinfektionen, Salmonellen.
- zur **Resistenzsteigerung (Immunentlastung)** der Tiere gegen Infektionen; dadurch bessere Heilung.
- von Gebäuden, **Ställen,** Brutmaschinen, Melkmaschinen u.a. Milchequipment.

Keimtötendes Additiv für Farben, Treibstoff, Schmiermittel

Da in der Landwirtschaft auch viel mit Chemikalien, Farben, Treibstoffen, Ölen und Maschinen gearbeitet wird, ist die keimtötende, entgiftende Wirkung von A-CDL (pH 2.9-2.0) auch als Additiv bei weiteren Anwendungen interessant:

- insbesondere für wasserlösliche Farben, Lacke und Pigmente
- für Kühl- und Schmiermittel, z.B. für Kühlkreisläufe oder für technische Schmiermittel auf der Basis von Wasser, Öl oder Fett.
- für Treib- und Kraftstoffe, wie Heizöl, Benzin, Kerosin und dgl.

Kombi-Anwendungen
von H$_2$-Katholyt und A-CDL

Viele Behandlungsberichte aus Russland, Japan und Nord-Korea zeigen, dass die **meisten, auffälligsten und raschesten Wirkeffekte durch eine Kombination von oxidativem Anolyt-Chloridoxid (A-CDL) mit antioxidativem H$_2$-Katholyt erzielt** werden.

Die oxidative Chlordioxid-Lösung und die antioxidativen H$_2$Katholyt-Drinks können jede für sich oder – besser – in abwechselnder Anwendung zur Eliminierung pathogener Mikroben und zur Stärkung des Immunsystems und zur Vitalisierung eingenommen werden.

Da jeder basische H$_2$-Drink sehr stark antioxidative Wirkungen besitzt, sollte man einen **zeitlichem Zwischenraum von mindestens einer halben Stunde lassen, bevor man zwischen basischen und sauren Wasserarten wechselt**. Liegen die Einnahmezeitpunkte zu dicht beieinander, heben sich die oxidativen und antioxidativen Eigenschaften mehr oder weniger auf.

Anmerkung zu folgenden Kombinationsanwendungen nach Angaben von *Prof. Dr. Petras Sibilskis*, in der sowohl basisches H$_2$-Katholyt als auch saures A-CDL bei Erkrankungen eingesetzt werden:

- Die Konzentration des Anolyt-Chlordioxid wird mit pH-Werten statt mit ppm-Werten angegeben.

- **Empfohlene H$_2$-Katholyt-Konzentration** liegt zwischen pH 8.0 und 10.5

- **Empfohlene A-CDL-Konzentration** ist zwischen pH 5.5 und 2.5, in Einzelfällen bis pH 2.0.

- Verweis zu Dr. Andreas Kalckers **CDL-Protokollen**, die genauere Dosierungsanwendungen enthalten, die 1:1 auf A-CDL übertragbar sind! Link zu diesen Protokollen.

Nachfolgende Behandlungsempfehlungen entstammen der Broschüre "Aquaphaser - Aktiviertes Wasser und kolloidales Silber" von Prof. Dr. Petras Sibilskis, Ukraine.

Abweichend vom Originaltext wird nachfolgend ‚A-CDL = Anolyt-Chlordioxidlösung'' statt ‚Anolyt' verwendet.

Abszess (Eiterung)

Die noch unreife Eiterung gut mit erwärmter **A-CDL** behandeln und darauf einen Umschlag mit A-CDL legen. Wenn die Eiterstelle platzt oder die reife Eiterung aufgestochen wird, soll man sie mit warmer A-CDL säubern und die Wunde dann verbinden. Man soll vor der Nachtruhe 125 ml A-CDL trinken. Wenn die eiternde Stelle völlig sauber ist, kann man die Heilung mit Hilfe von **Katholyt-Umschlägen** beschleunigen (man kann **Katholyt** auf den Umschlag träufeln).

Die Wunde heilt nach einigen Tagen. Wenn man beim Verbinden weiter Eiter bemerkt, sollte man noch einmal mit A-CDL behandeln.

☞ Protokoll D: 750 - 1250 ppm CDL = ca. pH 2.0 - 1.7 A-CDL: http://www.vitaswing.de/a-cdl/Protokoll_D.htm

☞ Protokoll C: 30 bis 90 ppm CDL = ca. pH 3.8 bis 2.6 A-CDL: http://www.vitaswing.de/a-cdl/Protokoll_C.htm

☞ Protokoll Y: http://www.vitaswing.de/a-cdl/Protokoll_Y.htm

Atemerkrankungen: Akute Erkrankungen

Behandlung ähnlich wie bei Angina: Nase, Mund und Hals mit warmer **A-CDL** spülen. Die letzte Spülung mit **Katholyt** vornehmen. Zusätzlich kann man Lungeninhalationen mit **A-CDL** machen. Wenn man keinen Inhalator hat, kann man einen Aerosolvernebler benutzen und einige Male 'Nebel' von **A-CDL** einatmen. Danach 60 ml **Katholyt** trinken.

Die Krankheit vergeht gewöhnlich nach 2-3 Tagen.

☞ Protokoll O: 60-120 ppm CDL = pH 3.0 bis 2.8 A-CDL: http://www.vitaswing.de/a-cdl/Protokoll_O.htm

Allergie, allergische Hautentzündung

Drei Tage lang nach dem Essen die Nase, Mund und Hals mit **A-CDL** spülen. Nach jeder Spülung 125 ml **Katholyt** trinken. Ausschläge, Pickel, Schwellungen nur mit A-CDL 5-6 Male pro Tag anfeuchten.

Gewöhnlich vergeht die Krankheit nach 2-3 Tagen. Allerdings sollte die Ursache der Allergie erkannt und beseitigt werden.

☞ Protokoll O: 60-120 ppm CDL = pH 3.0 bis 2.8 A-CDL: http://www.vitaswing.de/a-cdl/Protokoll_O.htm

☞ Protokoll B: Allg. Anwendung (18 - 72 ppm CDL = ca. pH 3.7 - 2.8 A-CDL): http://www.vitaswing.de/a-cdl/Protokoll_B.htm

Angina

3 Tage 5-6 mal pro Tag unbedingt nach jedem Essen den Hals mit erwärmter **A-CDL** spülen. Bei **Schnupfen** auch die Nase spülen. Nach jeder Spülung 60 ml **Katholyt** trinken. Das Wasser bis 38-40 Grad erwärmen. Bei Bedarf kann man öfter spülen.

Fieber fällt danach am ersten Tag. Die Krankheit vergeht nach 2-3 Tagen, bei Einigen schon nach 24 Stunden.

☞ Protokoll J: Mundspülung gegen Mundprobleme, Krebsgeschwüre, Abszesse. (180 - 240 ppm = ca. pH 2.3 - 2.1 A-CDL: http://www.vitaswing.de/a-cdl/Protokoll_J.htm)

☞ Protokoll O: 60-120 ppm CDL = pH 3.0 bis 2.8 A-CDL: http://www.vitaswing.de/a-cdl/Protokoll_O.htm

Arteriosklerose der Arterien der unteren Extremitäten

Beine mit warmem Wasser und Seife waschen, abtrocknen und mit erwärmter **A-CDL** anfeuchten und trocknen lassen. Über Nacht **Katholytumschlag** auf die Beine machen und am Morgen die weiß und weich gewordene Haut mit Öl einreiben. Während der Behandlung eine halbe Stunde vor dem Essen 125 ml **A-CDL** trinken. Es ist hilfreich, eine Fußmassage zu machen.

☞ Protokoll C: 30 bis 90 ppm CDL = ca. pH 3.8 bis 2.6 A-CDL: http://www.vitaswing.de/a-cdl/Protokoll_C.htm

Arthritis (rheumatische)

Einen Tag eine halbe Stunde vor dem Essen 150 ml **A-CDL** trinken und Umschläge mit demselben Wasser auf dem Rücken machen, am nächsten Tag auch **Katholyt** trinken und damit Umschläge nur mit erwärmten Wasser machen. Die Behandlung dauert 10 Tage.

☞ Protokoll C: 30 bis 90 ppm CDL = ca. pH 3.8 bis 2.6 A-CDL: http://www.vitaswing.de/a-cdl/Protokoll_C.htm

☞ Protokoll K: (Prot. D mit DMSO, 1250 oder 750 ppm = ca. pH 2.2 bis 1.8 A-CDL: http://www.vitaswing.de/a-cdl/Protokoll_K.htm)

Arthrose (Schmerzen durch Ablagerungen an Gelenken

3-4 Tage 30 Minuten vor dem Essen 125 ml **A-CDL** trinken. Die schmerzhaften Stellen mit **A-CDL** anfeuchten und einreiben. Für die Nacht kann man einen Umschlag mit **A-CDL** befestigen. Die Effektivität der Behandlung wird durch regelmäßige Gymnastik und Bewegungen der schmerzhaften Gelenke und die Massage erhöht.

Die Schmerzen vermindern sich, der Schlaf verbessert sich, der Blutdruck fällt.

☞ Protokoll_B: 18 - 72 ppm CDL = ca. pH 3.7 - 2.8 A-CDL: http://www.vitaswing.de/a-cdl/Protokoll_B.htm

Augenbindehautentzündung (Konjunktivitis)

Die Augen zuerst mit **A-CDL** schwacher Konzentration (pH = 4,5-5,0) und nach 3-5 Minuten mit **Katholyt** spülen. Die Prozedur 4-5 mal pro 24 Stunden wiederholen. Es ist sinnvoll, die Augen in die jeweils damit gefüllte Augenwanne zwinkernd einzutauchen. Die Augen werden gereinigt, die Entzündung vergeht.

☞ Protokoll O: 60-120 ppm CDL = pH 3.0 bis 2.8 A-CDL: http://www.vitaswing.de/a-cdl/Protokoll_O.htm

Augenverletzung

Wenn die Wunde stark blutet, muss man sich an den Arzt wenden, unkomplizierte Verletzungen (Prellungen, Verunreinigungen, Quetschungen) 4-6 Mal pro Tag mit **Katholyt** spülen und auf diese Weise behandeln. Das Auge mit **Katholyt** spülen.

☞ Protokoll O: 60-120 ppm CDL = pH 3.0 bis 2.8 A-CDL: http://www.vitaswing.de/a-cdl/Protokoll_O.htm

Bronchialasthma, Bronchitis

3 Tage lang jeweils nach dem Essen Mund, Nase und Hals mit erwärmter **A-CDL** spülen (um die Asthma erregenden Allergene zu desinfizieren). Nach jeder A-CDL -Spülung 125 ml **Katholyt** trinken.

Beim einfachen **Husten** 125 ml **Katholyt** trinken.

Für **prophylaktische Zwecke** empfiehlt sich, die Spülungen regelmäßig zu wiederholen.

Die Krankheit vergeht, das Aushusten wird leichter, der Zustand wird besser. Es ist nützlich, sich eine tiefere Atmung anzugewöhnen.

☞ Protokoll J = Mundspülung 180-240 ppm = ca. pH 2.7 bis 2.6: http://www.vitaswing.de/a-cdl/Protokoll_J.htm

Brucellose

Brucellose wird durch Tiere übertragen, deshalb muss man in Ställen und Farmen die Hygienevorschriften einhalten. Vor und nach dem Füttern, Melken, Tränken die Hände mit **A-CDL** waschen. Im Fall einer Erkrankung soll man vor dem Essen 125 ml **A-CDL** trinken. Ungekochtes Wasser sollte man nicht verwenden. Den Stall regelmäßig desinfizieren.

☞ Protokoll M = 225 ppm = ca. pH 2.2 A-CDL: http://www.vitaswing.de/a-cdl/Protokoll_M.htm

Blutdruck, zu niedriger (Hypotonie)

Morgens und abends vor dem Essen 125 ml **H₂-Katholyt** trinken. Falls erforderlich, kann man es auch längere Zeit trinken, z.B. eine Woche lang. In allen diesen Fällen ist es empfehlenswert, den Blutdruck zu kontrollieren und die individuelle Dosis des aktivierten Wassers genauer zu bestimmen.

Dermatitis (allergische)

Die allergische Dermatitis erregenden Ursachen (Kontakt mit Kräutern, Gerüche, Chemikalien u.s.w.) beseitigen. Ausschläge, Schwellungen mit **A-CDL** anfeuchten. Nach dem Essen Nase, Mund, Hals mit **A-CDL** wie auch bei der Behandlung der Allergie anfeuchten.

Die Krankheit vergeht nach 3-4 Tagen.

☞ Protokoll D: 750 - 1250 ppm CDL = ca. pH 2.0 - 1.7 A-CDL: http://www.vitaswing.de/a-cdl/Protokoll_D.htm

Dermatomykose (Pilzerkrankung der Haut)

Befallene Stellen mit warmem Wasser und Seife waschen und abtrocknen. Danach 4-6 mal pro Tag etwas mit erwärmter **A-CDL** anfeuchten. In diesem Fall muss die **A-CDL** höhere Konzentration (pH=2.5) aufweisen.

Die Krankheit vergeht gewöhnlich nach 4-5 Tagen. Falls nötig, kann man die Behandlung wiederholen.

☞ Protokoll D: 750 - 1250 ppm CDL = ca. pH 2.0 - 1.7 A-CDL: http://www.vitaswing.de/a-cdl/Protokoll_D.htm

Desinfektion von Mund, Nase, Hals

A-CDL ist ein ausgezeichnetes Desinfektionsmittel. Bei der Spülung von Mund, Nase, Hals werden die Mikroben, Toxine, Allergene vernichtet. Beim Gesicht- und Händewaschen wird die Haut desinfiziert.

☞ Protokoll J = Mundspülung 180-240 ppm = ca. pH 2.7 bis 2.6: http://www.vitaswing.de/a-cdl/Protokoll_J.htm

☞ Protokoll H : Raumdesinfektion (3000 ppm CDL = ca. pH 2.2 - 1.8 A-CDL: http://www.vitaswing.de/a-cdl/Protokoll_H.htm)

Diabetes mellitus

Regelmäßig vor dem Essen 125 ml **Katholyt** trinken. Zusätzlich empfiehlt sich, die Bauchspeicheldrüse zu massieren und sich selbst vorzustellen, dass die Bauchspeicheldrüse gut Insulin produziert. Der Zustand verbessert sich bemerkbar.

Diabetes Typ I und II:

☞ Protokoll C: 30 bis 90 ppm CDL = ca. pH 3.8 bis 2.6 A-CDL: http://www.vitaswing.de/a-cdl/Protokoll_C.htm

☞ Protokoll P: http://www.vitaswing.de/a-cdl/Protokoll_P.htm

Diathese (Allergieneigung)

Alle **Ausschläge und Schwellungen** mit **A-CDL** anfeuchten, später nach 2-3 Minuten (d.h. wenn sie trocken werden) einen Umschlag mit **Katholyt** machen und 10-15 Minuten einwirken lassen. Die Prozedur 3-4 mal pro Tag wiederholen. Außerdem sollte man Diät beachten, keine Lebensmittel, die Diathese verursachen, essen, weniger Milch, Butter, aber mehr Gemüse einnehmen.

Man sollte öfter Staub abwischen, keine Haustiere und Zimmerpflanzen halten. Daunenkissen vermeiden usw., Arzneimittel auf chemischer Basis meiden.

Unter Beachtung dieser Empfehlungen vergeht die Diathese nach 2-3 Tagen.

🖝 Protokoll D: Hautprobleme (750 - 1250 ppm CDL = ca. pH 2.0 - 1.7 A-CDL: http://www.vitaswing.de/a-cdl/Protokoll_D.htm)

Dickdarmentzündung (Kolitis)

Am ersten Tag sollte man nichts essen. Im Laufe des Tages sollte man 3-4 mal 125 ml **A-CDL** trinken. (Die Behandlung wie bei der Dysenterie (Amöbenruhr) durchführen). Meistens vergeht die Krankheit nach 24 Stunden.

🖝 Protokoll C: 30 bis 90 ppm CDL = ca. pH 3.8 bis 2.6 A-CDL: http://www.vitaswing.de/a-cdl/Protokoll_C.htm

🖝 Bei Colitis ulcerosa: Protokoll E: Einlauf mit 30 ppm CDL = ca. pH 3.4 A-CDL: http://www.vitaswing.de/a-cdl/Protokoll_E.htm

🖝 Protokoll R: Rektalspülung: 120 ppm CDL = ca. pH 2.8 A-CDL: http://www.vitaswing.de/a-cdl/Protokoll_R.htm

Durchfall

125 ml **A-CDL** trinken. Wenn der Durchfall nach einer Stunde nicht vorbei ist, sollte man noch 125 ml **A-CDL** trinken.

Auf diese Weise kann man auch Durchfall bei Haustieren behandeln.

Die Schmerzen im Bauchbereich und der Durchfall vergehen gewöhnlich nach einer halben Stunde.

🖝 Protokoll B: 18 - 72 ppm CDL = ca. pH 3.7 - 2.8 A-CDL: http://www.vitaswing.de/a-cdl/Protokoll_B.htm

Dysenterie (Amöbenruhr)

Am ersten Tag sollte man nichts essen. An diesem Tag sollte man 3-4 mal 250 ml **A-CDL** trinken. Die empfohlene Konzentration liegt bei ca. 2 - 2.5 pH. In den meisten Fällen vergeht die Krankheit in 24 Stunden.

🖝 Protokoll M = 225 ppm = ca. pH 2.2 A-CDL: http://www.vitaswing.de/a-cdl/Protokoll_M.htm

Ekzem, Flechten

Vor der Behandlung der beschädigten Stelle sollte man sie bedampfen. Die Temperatur soll so hoch sein, wie es noch erträglich ist, damit die

Haut erweicht. Anstatt des Dampfes kann man auch einen heißen Umschlag machen. Später die betroffene Stelle mit erwärmtem **Katholyt** etwas anfeuchten und trocknen lassen.

Gewöhnlich heilt die beschädigte Stelle nach 3-4 Tagen. In einigen Fällen soll die Behandlungsdauer erhöht werden.

☞ Protokoll D: 750 - 1250 ppm CDL = ca. pH 2.0 - 1.7 A-CDL: http://www.vitaswing.de/a-cdl/Protokoll_D.htm

Entfernung toter Haut von Fußsohle und Zehen

Die Prozedur ist ähnlich wie bei der Beseitigung von Fußgeruch, von Schrunzeln und verhornten Fersen. Die Prozedur wird effektiver, wenn man zuvor für die Füße ein Bad in heißem Seifenwasser nimmt. Danach muss man die Füße mit warmer **A-CDL** übergießen und nach 15-20 Minuten durch Reiben mit den Händen oder besser mit einem Bimsstein die tote Haut von den Fußsohlen und Fersen entfernen. Nach dem Abschluss der Prozedur muss man die Füße gut mit warmen **Katholyt** waschen und von selbst abtrocknen lassen. Die tote Haut verschwindet, der unangenehme Geruch verschwindet, die Schrunzeln heilen. Die Haut wird weicher. Die Prozedur sollte man regelmäßig wiederholen.

☞ Protokoll W: Fußbad: 15 - 18 ppm CDL = ca. pH 3.8 - 3.7 A-CDL: http://www.vitaswing.de/a-cdl/Protokoll_W.htm

☞ Protokoll D: 750 - 1250 ppm CDL = ca. pH 2.0 - 1.7 A-CDL: http://www.vitaswing.de/a-cdl/Protokoll_D.htm

Faltenbildung: Vorbeugung, Korrektur

Siehe Gesichtshygiene, sanfte Haut.

Furunkel, Eiterbeulen

Die beschädigte Stelle mit heißem Wasser spülen, danach mit erwärmter **A-CDL** desinfizieren und trocknen lassen. Danach 2 Tage **Katholytumschläge** 4-5 mal pro Tag machen.

Vor der Nachtruhe sollte man 125 ml **Katholyt** trinken. Außerdem sollte man Erkältung vermeiden und den Organismus mit Vitaminen stärken. Man sollte abklären, ob man evtl. zuckerkrank ist. Die beschädigten Stellen heilen nach 2-3 Tagen.

☞ Protokoll D: 750 - 1250 ppm CDL = ca. pH 2.0 - 1.7 A-CDL: http://www.vitaswing.de/a-cdl/Protokoll_D.htm

Fußgeruch

Zuerst sollte man die Füße mit warmem Wasser und Seife waschen und abtrocknen. Danach mit **A-CDL** anfeuchten und abtrocknen. Nach 10-15 Minuten die Füße mit **Katholyt** anfeuchten, auch abtrocknen. Die Prozedur 2-3 Tage wiederholen, danach regelmäßig wenigstens einmal pro Woche wiederholen. Zusätzlich kann man die Schuhe und Socken desinfizieren.

Der unangenehme Fußgeruch verschwindet, nach und nach normalisiert sich die Haut.

☞ Protokoll W: Fußbad: 15 - 18 ppm CDL = ca. pH 3.8 - 3.7 A-CDL: http://www.vitaswing.de/a-cdl/Protokoll_W.htm

Gallenblasenentzündung (Cholezystitis)

Das ionisierte Wasser 4 Tage 3 mal pro Tag 30 Minuten vor dem Essen auf folgende Weise trinken (125 ml): das erste Mal **A-CDL** vor dem Frühstück. Die übrigen Male das **Katholytwasser**. Das Wasser soll von stärkerer Konzentration (pH= 2-3 und 10.5-11) sein.

Die Bauchschmerzen, Herzschmerzen, auch die Schmerzen im Bereich des rechten Schulterblattes vergehen, der bittere Geschmack im Mund verschwindet, der Brechreiz vergeht.

☞ Protokoll C: 30 bis 90 ppm CDL = ca. pH 3.8 bis 2.6 A-CDL: http://www.vitaswing.de/a-cdl/Protokoll_C.htm

Gebärmutterhals-Entzündung (Endocervicitis)

A-CDL und **Katholyt** auf 38-40 Grad erwärmen und vor der Nachtruhe folgende Prozeduren durchführen: Zuerst **A-CDL** einspritzen, nach einigen Minuten das Katholyt. Das **Katholyt** sollte man einige Male mit Unterbrechung von 3-5 Minuten einspritzen.

Die Krankheit vergeht gewöhnlich nach einigen Wiederholungen.

☞ Protokoll V: Vaginalspülung: 36 ppm CDL = ca. pH 3.3 A-CDL: http://www.vitaswing.de/a-cdl/Protokoll_V.htm

Gelbsucht (Hepatitis)

3-4 Tage 4 mal pro Tag vor dem Essen und vor dem Schlafen gehen 125 ml **Katholyt** trinken. Man sollte es 30 Minuten vor dem Essen trinken. Nach 4-5 Tagen sollte man zum Arzt gehen. Falls nötig, die Behandlung mit dem Katholyt-Wasser wiederholen.

Der Zustand verbessert sich, die Haut bekommt wieder natürliche Farbe, die Energie im Organismus wird gesteigert.

Hepatitis A, B, C:

☞ Protokoll C: 30 bis 90 ppm CDL = ca. pH 3.8 bis 2.6 A-CDL: http://www.vitaswing.de/a-cdl/Protokoll_C.htm

☞ Protokoll E: Einlauf mit 30 ppm CDL = ca. pH 3.4 A-CDL: http://www.vitaswing.de/a-cdl/Protokoll_E.htm

☞ Protokoll L: Entgiftungsbad: http://www.vitaswing.de/a-cdl/Protokoll_L.htm

Gesichtshygiene, sanfte Haut

Morgens und abends Gesicht, Hals und Hände nach dem Waschen 2-3 mal mit Unterbrechung von 1-2 Minuten mit **Katholyt** waschen (anfeuchten) und danach trocknen lassen.

Männer sollten es nach dem Rasieren anstatt des Kölnischwassers oder Rasierwassers benutzen.

Die Haut wird weicher, zarter, Pickel, Finnen, gereizte Stellen verschwinden.

Bei regelmäßigen Anwendungen verschwinden die Falten.

☞ Protokoll B: 18 - 72 ppm CDL = ca. pH 3.7 - 2.8 A-CDL: http://www.vitaswing.de/a-cdl/Protokoll_B.htm

Grippe (Influenza)

Am ersten Tag der Erkrankung sollte man nichts essen d. h. keine Energie für die Verdauung aufwenden und die ganze Energie für den Kampf gegen die Grippeviren aufwenden. Mit erwärmter **A-CDL** 6-8 mal während 24 Stunden (auch öfter) Nase, Mund und Hals spülen. Einige Male pro Tag 125 ml **Katholyt** trinken.

Gewöhnlich vergeht die Grippe nach 24 Stunden, bei einigen Menschen nach 48 Stunden. Die Grippefolgen verschwinden auch.

☞ Protokoll C: 30 bis 90 ppm CDL = ca. pH 3.8 bis 2.6 A-CDL: http://www.vitaswing.de/a-cdl/Protokoll_C.htm

☞ Protokoll F: 60 – 24 ppm CDL = ca. pH 2.9 bzw. 3.5 A-CDL: http://www.vitaswing.de/a-cdl/Protokoll_F.htm

☞ Protokoll O: 60-120 ppm CDL = pH 3.0 bis 2.8 A-CDL: http://www.vitaswing.de/a-cdl/Protokoll_O.htm

Haarausfall

Einmal pro Woche das Haar mit Seife und Shampoo waschen, abtrocknen, danach mit warmer **A-CDL** übergiessen. Nach 5-8 Minuten das Haar gut mit **Katholyt** waschen, es mit Fingerspitzen in die Kopfhaut einmassieren, danach trocknen lassen. Man kann diese Anwendung mehrmals am Tag wiederholen.

Solchen Haarstärkungszyklus soll man 4-6 Wochen der Reihe nach wiederholen.

Das Haar wird weich, stärker, die Schuppen verschwinden. Es hört auf, auszufallen. Im Laufe der Zeit beginnen neue Haare zu wachsen.

Haarpflege

Für die Haarpflege reicht es, das Haar einmal pro Woche mit **Katholyt** oder Shampoo waschen, danach gut mit **Katholyt** spülen und trocknen lassen.

Spülen Sie Ihre Haare nach dem Waschen mit **A-CDL** statt mit chemischen Haarspülmitteln. Die Haare werden weich.

Hämorrhoiden, Schrunden im After

Die Behandlung sollte man nach der Entleerung des Darmes beginnen. Zuerst werden die Schrunden mit warmem Wasser und Seife gewaschen, abgetrocknet und mit **A-CDL** angefeuchtet (desinfiziert).

Nach 5-10 Minuten die angegebenen Stellen mit **Katholyt** anfeuchten oder Umschläge damit machen. Wenn die Umschläge zu trocknen beginnen, sollten sie gewechselt werden. Diese Prozedur von Anfang an bis zur nächsten Darmentleerung wiederholen. Die Prozeduren 4-5 Tage durchführen. Für die Nacht sollte man 125 ml **Katholyt** trinken.

Die Blutung lässt nach, die Wunden heilen nach 3-4 Tagen.

☞ Protokoll D: 750 - 1250 ppm CDL = ca. pH 2.0 - 1.7 A-CDL: http://www.vitaswing.de/a-cdl/Protokoll_D.htm

Halserkältung

Halsumschlag mit warmem **Katholyt** machen. Vor dem Essen 125 ml **Katholyt** trinken.

Die Schmerzen vergehen, Bewegungen bauen wieder auf.

☞ Protokoll J = Mundspülung 180-240 ppm = ca. pH 2.7 bis 2.6: http://www.vitaswing.de/a-cdl/Protokoll_J.htm

Halsschmerzen

Wenn die Halsschmerzen anfangen, sollte man ihn mit etwas erwärmter **A-CDL** spülen. Die Spülungen je 0,5-1 Stunde wiederholen. Wenn die Halsschmerzen in der Nacht anfangen, sollte man gleich aufstehen und Spülungen beginnen. Am Morgen fühlt man keine Schmerzen mehr.

☞ Protokoll J = Mundspülung 180-240 ppm = ca. pH 2.7 bis 2.6: http://www.vitaswing.de/a-cdl/Protokoll_J.htm

Hautpflege

Für die Hautpflege wendet man regelmässig **A-CDL**, pH=5,5 an. Nach der Reinigung mit **A-CDL** kann man sich mit **Katholyt** waschen.

Es ist noch besser, wenn der Mensch selbst herausfindet, welches Wasser für seine Haut am besten passt. Der regelmäßige Gebrauch des aktivierten Wassers macht die Haut gesünder, zarter, die Falten verschwinden allmählich.

Verschiedene **Ausschläge, Pickel,** sollte man nur mit **A-CDL** - in diesen Fällen in stärkerer Konzentration - behandeln.

☞ Protokoll D: 750 - 1250 ppm CDL = ca. pH 2.0 - 1.7 A-CDL: http://www.vitaswing.de/a-cdl/Protokoll_D.htm

Hautunreinheiten, Akne, Hautflecken

Waschen Sie Ihr Gesicht mit **A-CDL**, so werden Hautunreinheiten (z.B. Akne und Mitesser) vermindert und die Haut desinfiziert, dunkle Hautflecken können sich aufhellen und die Haut wird weicher.

☞ Protokoll D: 750 - 1250 ppm CDL = ca. pH 2.0 - 1.7 A-CDL: http://www.vitaswing.de/a-cdl/Protokoll_D.htm

Hautverletzungen (z.B. nach dem Rasieren)

Einige Male die Haut mit einem mit **Katholyt** befeuchteten Wattestäbchen anfeuchten oder die Stelle mit **Katholyt** waschen (anstatt mit Kölnisch-Wasser, Gesichtswasser, Creme usw.). Nach einigen Minuten die Prozedur wiederholen. Trocknen lassen. Wenn der Einschnitt nicht groß ist, sollte man eine Auflage mit **Katholyt** machen und länger drauf behalten. Die Haut heilt sehr schnell, außerdem wird sie zarter.

☞ Protokoll D: 750 - 1250 ppm CDL = ca. pH 2.0 - 1.7 A-CDL: http://www.vitaswing.de/a-cdl/Protokoll_D.htm

Impotenz

Da **Katholyt** ionisierend und stimulierend wirkt, sollte man regelmässig morgens und abends vor dem Schlafengehen 125 ml Katholytwasser trinken. Zusätzlich kann man auch magnetische Stimulationen und andere Potenz steigernde Mittel benutzen. Vor dem Geschlechtsverkehr sollte man nicht an Misserfolg denken.

Ischias, Ischialgie

Zwei Tage 3 mal pro Tag ungefähr eine halbe Stunde vor dem Essen 190 ml Glas **Katholyt** trinken. Die schmerzhafte Stelle mit warmer **A-CDL** einreiben. Sich vor Erkältung, Feuchtigkeit hüten. Besser ist es, eine Kniebeuge zu machen, statt sich zu bücken.

Die Schmerzen vergehen nach 24 Stunden, bei einigen Menschen schon nach 12 Stunden.

☞ Protokoll C: 30 bis 90 ppm CDL = ca. pH 3.8 bis 2.6 A-CDL: http://www.vitaswing.de/a-cdl/Protokoll_C.htm

☞ Protokoll J = Mundspülung 180-240 ppm = ca. pH 2.7 bis 2.6: http://www.vitaswing.de/a-cdl/Protokoll_J.htm

☞ Protokoll K: (Prot. D mit DMSO, 1250 oder 750 ppm = ca. pH 2.2 bis 1.8 A-CDL: http://www.vitaswing.de/a-cdl/Protokoll_K.htm)

Kehlkopfentzündung (Laryngitis)

Die Behandlung wie bei Angina: Rachen mit erwärmter **A-CDL** spülen. Man sollte sich bemühen, sich nicht zu erkälten, den Kehlkopf nicht durch langes und lautes Reden zu belasten, sollte keine starken alkoholischen Getränke verwenden, nicht rauchen.

Wenn die Krankheit akut wird, sollte man 2-3 Tage schweigen, warme, gut verdauliche, nicht scharf gewürzte Nahrung zu sich nehmen. Nach den Spülungen mit **A-CDL** sollte man abschließend den Hals mit **Katholyt** spülen.

Die Krankheit vergeht langsam.

Prophylaktisch ist es nützlich, den Hals regelmäßig nach dem Essen mit A-CDL zu spülen.

Protokoll J = Mundspülung 180-240 ppm = ca. pH 2.7 bis 2.6: http://www.vitaswing.de/a-cdl/Protokoll_J.htm

Knochen- u. Gelenkdegeneration (Osteochondrose)

Man sollte bei Osteochondrose abwechselnd an einem Tag **A-CDL** trinken und am nächsten Tag 3 mal pro Tag eine Stunde vor dem Essen 125 ml **Katholyt**.

Auf die schmerzende Stelle einen Umschlag mit **A-CDL** machen. Die Prozedur 10 Tage wiederholen.

Zusätzlich ist Wirbelsäulenmassage empfehlenswert. Wenn es eine Möglichkeit gibt, einige Minuten am Reck 'hängen'. Die Schmerzen vergehen.

Sich vor Erkältungen, plötzlichen Bewegungen hüten, keine schweren Gegenstände heben!

Protokoll B: 18 - 72 ppm CDL = ca. pH 3.7 - 2.8 A-CDL: http://www.vitaswing.de/a-cdl/Protokoll_B.htm

Kopfschmerzen

Wo am Kopf die Schmerzen zu spüren sind, mit **A-CDL** anfeuchten und 125 ml **Katholyt** trinken.

Wenn die **Ursache der Schmerzen zu hoher Blutdruck** ist, trinkt man **A-CDL**, wenn der Blutdruck zu niedrig ist, **Katholyt**.

Wenn die Schmerzursache Prellung oder Schlag ist, muss man ihn dort mit Katholyt anfeuchten.

Bei vielen Menschen vergehen die Kopfschmerzen nach 30-50 Minuten.

Protokoll C: 30 bis 90 ppm CDL = ca. pH 3.8 bis 2.6 A-CDL: http://www.vitaswing.de/a-cdl/Protokoll_C.htm

☞ Protokoll E: Einlauf mit 30 ppm CDL = ca. pH 3.4 A-CDL:
http://www.vitaswing.de/a-cdl/Protokoll_E.htm

☞ Protokoll F: 60 – 24 ppm CDL = ca. pH 2.9 bzw. 3.5 A-CDL:
http://www.vitaswing.de/a-cdl/Protokoll_F.htm

Infektvorbeugung, Wohlbefinden verbessern

Nase, Mund und Hals regelmäßig 1-2 mal pro Tag mit **A-CDL** spülen, danach 125 ml **Katholyt** trinken. Am besten macht man das am Morgen nach dem Essen und am Abend vor dem Schlafengehen.

Diese Prozedur ist auch beim **Kontakt mit Kranken** (Krankenpflege, Krankenhaus, Shedding) ratsam, um die Übertragung von Mikroben und anderen Erregern zu vermeiden bzw. zu verringern. Auch bei **Auftreten einer Seuche oder Pandemie** kann es angewandt werden.

Zu Hause werden die Hände zusätzlich mit **A-CDL** gewaschen.

Der Mensch wird munter, es erhöht die Energie und Arbeitsfähigkeit. Die Mikroben und Bakterien sterben ab.

☞ Protokoll J = Mundspülung 180-240 ppm = ca. pH 2.7 bis 2.6:
http://www.vitaswing.de/a-cdl/Protokoll_J.htm

Kreislauf verbessern

Wenn man genügend **Katholyt** hat, empfiehlt es sich, Bäder mit solchem Wasser oder Angüsse zu machen. Wenn man eine Perlwanne hat, ist es sehr nützlich, die Prozeduren mit **Katholyt** zu machen. Gleichzeitig verschwinden die jugendlichen **Pickel**, die **Haut** wird zarter, die **Energie** erhöht.

Leberentzündung (Hepatitis)

Der volle Behandlungszyklus beträgt 4 Tage. Am ersten Tag 4 mal vor dem Essen und vor dem Schlafengehen 125 ml **A CDL** trinken. Die folgenden 3 Tage in gleicher Weise **Katholyt** trinken. Die Schmerzen vergehen, der Zustand bessert sich.

Bei Hepatitis A, B, C:

☞ Protokoll C: 30 bis 90 ppm CDL = ca. pH 3.8 bis 2.6 A-CDL:
http://www.vitaswing.de/a-cdl/Protokoll_C.htm

☞ Protokoll E: Einlauf mit 30 ppm CDL = ca. pH 3.4 A-CDL:
http://www.vitaswing.de/a-cdl/Protokoll_E.htm

☞ Protokoll L: Entgiftungsbad: http://www.vitaswing.de/a-cdl/Protokoll_L.htm

Magen- und Darm-Funktionen verbessern

Bei Funktionsstörungen des Magens oder bei zu vielem durcheinander Essen (z.B. Kartoffeln, Graupen, Brot mit Fleisch oder Fisch) 125 ml **Katholyt** trinken. Wenn der Magen nach einer Stunde seine Funktion nicht aufnimmt, dann sollte man noch einmal 125 ml **Katholyt** trinken.

Der Magen nimmt seine Tätigkeit nach 20-30 Minuten wieder auf.

Magengeschwür, Zwölffingerdarmgeschwür

4-5 Tage lang 1 Stunde vor dem Essen 125 ml **Katholyt** trinken. Wenn der Säuregehalt gering ist oder gegen Null geht, sollte man beim Essen oder nach dem Essen ein Drittel bis 125 ml **A-CDL** trinken. Danach wird eine wochenlange Pause gemacht. Selbst wenn keine Schmerzen zu spüren sind, sollte man den Behandlungsablauf wiederholen.

Wenn der Blutdruck normal ist und trotz des Gebrauchs von **Katholyt** nicht steigt, darf man die Dosis erhöhen.

Während der Behandlung sollte man Diät halten, keine scharfe Nahrung essen, geräuchertes Fleisch, Rauchen, Stress vermeiden. Nach dem Essen sich nicht bücken oder auf andere Art und Weise Druck auf den Magen ausüben.

Schmerzen und Erbrechen vergehen nach 1-3 Tagen, der Appetit wird angeregt, der Säuregehalt vermindert sich.

Das Zwölf-Fingerdarmgeschwür heilt etwas langsamer.

Magenschleimhautentzündung

3 Tage lang 3 mal pro Tag vor dem Essen 125 ml **Katholyt** trinken. Bei Bedarf kann man es längere Zeit trinken.

Der Säuregehalt vermindert sich, die Schmerzen vergehen, der Zustand verbessert sich aufgrund dessen.

Mundschleimhautentzündung (Stomatitis)

Nach jedem Essen sollte man den Mund gut mit **A-CDL**, danach einige Male mit **Katholyt** spülen. Mit **Katholyt** kann man den Mund zusätzlich und zwischen den Mahlzeiten spülen. Es wird 2-3 Minuten langsam gespült. Das Wasser kann etwas erwärmt werden.

Die Wunden heilen schnell. Dies ist sehr vorteilhaft für die Anwendung in der Zahnmedizin.

☞ Protokoll J = Mundspülung 180-240 ppm = ca. pH 2.7 bis 2.6: http://www.vitaswing.de/a-cdl/Protokoll_J.htm

Nagelpilzerkrankung (Pilzkrankheit)

Vor der Behandlung sollte man die vom Pilzbefall betroffenen Stellen mit heißem Wasser und Seife waschen, abtrocknen, danach mit erwärmter **A-CDL** anfeuchten und trocknen lassen. Später die ganze Zeit (5-8 mal pro Tag) nur mit **A-CDL** anfeuchten.

Wenn man Zeit hat, kann man ein Fußbad machen: die Füße in erwärmte **A-CDL** tun und 30 Minuten einwirken lassen.

Socken und Strümpfe gut waschen und in A-CDL einweichen lassen.

Ähnlich sollte man die **Innenseite der Schuhe desinfizieren** und ungefähr 20 Minuten in **A-CDL** lassen. **A-CDL-K**onzentration mit ungefähr pH 2.2 ist zu empfehlen.

Die Pilzkrankheit verschwindet nach 4-6 Tagen, bei einigen Menschen nach 8-10 Tagen. Die Nagelpilzkrankheit benötigt eine längere Behandlungszeit, bis neue gesunde Nägel wieder nachwachsen.

☞ Protokoll W: Fußbad: 15 - 18 ppm CDL = ca. pH 3.8 - 3.7 A-CDL: http://www.vitaswing.de/a-cdl/Protokoll_W.htm

Ohrentzündung (Otitis media)

Mit erwärmter **A-CDL** sehr vorsichtig den Ohrkanal spülen und danach abtrocknen. Auf das schmerzende Ohr kann man einen Umschlag mit **A-CDL** legen.

Ergüsse und Eiter mit **A-CDL** spülen. Wenn die Krankheit akut wird, sich an den Arzt wenden.

Erkältung meiden, die Nase nicht schneuzen, den Schnupfen heilen.

☞ Protokoll G Ohrbegasung: Glas übers Ohr: 3000 ppm CDL = ca. pH 2.2 - 1.8 A-CDL: http://www.vitaswing.de/a-cdl/Protokoll_G%20Ohrbegasung.htm

Periproktitis (Entzündung um After und Rektum)

Man sollte auf Körperpflege achten, Verstopfung, Durchfall meiden, rechtzeitig Hämorrhoiden behandeln.

Zur Behandlung nach dem Stuhlgang den After, Knoten, Einrisse mit warmem Wasser waschen, alles mit warmer **A-CDL** säubern, danach Klistier mit warmer **A-CDL** machen und 10-15 Minuten einwirken lassen.

Wenn große Mengen von Eiter ode Ausfluss auftreten, sollte man das Klistier wiederholen. Danach alle Knoten und Einrisse mit **Katholyt-Tampon** behandeln. Beim letzten Durchgang kann man das Klistier mit warmem **Katholyt** füllen. Für die Nacht sollte man 250 ml **Katholyt** trinken.

Allmählich vergeht die Periproktitis. Die Behandlung dauert 4-5 Tage.

☞ Protokoll R: Rektalspülung: 120 ppm CDL = ca. pH 2.8 A-CDL: http://www.vitaswing.de/a-cdl/Protokoll_R.htm)

Pickel (Akne)
Talgdrüsenüberproduktion des Gesichts

Morgens und abends sollte man das Gesicht mit heißem Wasser und Seife waschen, abtrocknen und dann mit erwärmter **A-CDL** anfeuchten. Bei der Gelegenheit kann man die Pickel auch öfter anfeuchten. Ähnlich werden auch jugendliche Pickel behandelt. Zusätzlich kann man 125 ml **A-CDL** trinken.

Allmählich verschwinden Pickel und Finnen.

☞ Protokoll D: 750 - 1250 ppm CDL = ca. pH 2.0 - 1.7 A-CDL: http://www.vitaswing.de/a-cdl/Protokoll_D.htm

☞ Protokoll C: 30 bis 90 ppm CDL = ca. pH 3.8 bis 2.6 A-CDL: http://www.vitaswing.de/a-cdl/Protokoll_C.htm

Polyarthritis

Ein vollständiger Behandlungszyklus beträgt 9 Tage. Die ersten drei Tage sollte man 4 mal pro Tag 125 ml **A-CDL** (eine halbe Stunde vor dem Essen und vor dem Schlafengehen) trinken. Am vierten Tag wird

Pause gemacht. Am fünften Tag sollte man vor dem Nachtessen 125 ml **Katholyt** trinken. Am sechsten Tag wird Pause gemacht. Am siebten, achten und neunten Tag trinkt man **A-CDL** wie an den ersten drei Tagen. Falls erforderlich, kann man den Behandlungszyklus wiederholen.

Die Schmerzen in den Gelenken vergehen, das allgemeine Befinden verbessert sich. Falls die Krankheit verschleppt ist, muss man auf die schmerzhaften Stellen Umschläge mit **A-CDL** machen.

☞ Protokoll C: 30 bis 90 ppm CDL = ca. pH 3.8 bis 2.6 A-CDL: http://www.vitaswing.de/a-cdl/Protokoll_C.htm

Arthritis. rheumatoide: ☞ Protokoll K: (Prot. D mit DMSO, 1250 oder 750 ppm = ca. pH 2.2 bis 1.8 A-CDL: http://www.vitaswing.de/a-cdl/Protokoll_K.htm)

Prostata-Adenom / Krebs

Ein Behandlungszyklus beträgt 8 Tag. 8 Tage muss man 4 mal pro Tag (1 Stunde vor dem Essen und vor dem Schlafengehen) 125 ml **Katholyt** trinken. Wenn der Blutdruck nicht steigt, wird die Dosis allmählich bis auf 250 ml erhöht. Wenn der Blutdruck wegen der großen Menge des Katholyt steigt oder der Blutdruck des Kranken generell zu hoch ist, dann nach 1-2 Stunden 125 ml **A-CDL** trinken. Wenn das wenig hilft, wird die Dosis des Katholyt verringert. Der Behandlungszyklus wird nicht selten einige Male wiederholt. Den Zyklus sollte man nach einem Monat wiederholen.

Falls der Blutdruck es zulässt, kann die Behandlung ohne Pause fortgesetzt werden.

Während der Behandlung ist es hilfreich, zusätzlich die Stelle zwischen den Beinen zu massieren und Rad zu fahren.

Für die Nacht sollte man den Umschlag mit **Katholyt** auf die Stelle zwischen den Beinen legen, bevor man diese Stelle mit **A-CDL** abtrocknet.

Für die Behandlung helfen ein Klistier mit warmem Katholyt, auch angefeuchtete Mullzäpfchen.

Nach 4-6 Tagen vergeht der Bedarf, oft Harn zu lassen. Bei manchen Menschen sondern sich schwarze oder rote Teilchen aus, deshalb kann man die Schmerzen fühlen. Die Verdauung und das allgemeine Befinden werden besser. Wenn der PSA-Wert mehr als 4 ist, kein Katholyt verwenden.

Prostata Krebs: Protokolle

☞ Protokoll C: 30 bis 90 ppm CDL = ca. pH 3.8 bis 2.6 A-CDL: http://www.vitaswing.de/a-cdl/Protokoll_C.htm

☞ Protokoll E: Einlauf mit 30 ppm CDL = ca. pH 3.4 A-CDL: http://www.vitaswing.de/a-cdl/Protokoll_E.htm

☞ Protokoll J = Mundspülung 180-240 ppm = ca. pH 2.7 bis 2.6: http://www.vitaswing.de/a-cdl/Protokoll_J.htm

☞ Protokoll L: Entgiftungsbad: http://www.vitaswing.de/a-cdl/Protokoll_L.htm

☞ Protokoll R: Rektalspülung: 120 ppm CDL = ca. pH 2.8 A-CDL: http://www.vitaswing.de/a-cdl/Protokoll_R.htm

Rachen- und Mandelbeschwerden

Spülen und gurgeln Sie mit **A-CDL** bei Rachen- und Mandelbeschwerden.

☞ Protokoll J = Mundspülung 180-240 ppm = ca. pH 2.7 bis 2.6: http://www.vitaswing.de/a-cdl/Protokoll_J.htm

Salmonelleninfektion (Salmonellosis)

Zu vorbeugenden Zwecken nur gut gekochtes (gebratenes) Fleisch, Fisch essen, gut gekochte Milch trinken.

Veterinärkontrolle vom geschlachteten Rind durchführen.

Bei der Erkrankung den Magen mit etwas erwärmtem **A-CDL** spülen, am ersten Tag nichts essen und regelmäßig 125 ml **A-CDL** trinken.

Man kann auch ein Klistier mit **A-CDL** machen. In solchen Fällen sollte die Konzentration ungefähr pH 2,0-2.5 sein.

Die Salmonellen sterben, die Krankheit vergeht nach 2-3 Tagen. Wenn diese Methode nicht hilft, muss man sich an einen Arzt wenden.

☞ Protokoll F: 60 – 24 ppm CDL = ca. pH 2.9 bzw. 3.5 A-CDL: http://www.vitaswing.de/a-cdl/Protokoll_F.htm

Scheidenentzündung (Kolpitis)

Katholyt und **A-CDL** auf 38-40 Grad erwärmen und für die Nacht einspritzen: zuerst das **A-CDL** und nach 10- 15 Minuten das **Katholyt**.

Das **Katholyt** kann man einige Male nacheinander mit kleiner Unterbrechung direkt einspritzen (Die Behandlung wie bei der Gebärmutterhals-Entzündung (Endocervicitis). Die Kolpitis vergeht nach 2-3 Tagen.

☞ Protokoll V: Vaginalspülung: 36 ppm CDL = ca. pH 3.3 A-CDL: http://www.vitaswing.de/a-cdl/Protokoll_V.htm

Schnupfen

Die Nase mit **A-CDL** spülen, indem man es in die Nasenlöcher einzieht, danach die Nase säubern. Kleinen Kindern A-CDL mit einer Pipette in die Nase eintropfen und die Nase säubern. Gewöhnlich vergeht der Schnupfen nach 10-15 Minuten.

☞ Protokoll O: 60-120 ppm CDL = pH 3.0 bis 2.8 A-CDL: http://www.vitaswing.de/a-cdl/Protokoll_O.htm

Schrunden an Fersen

Die Behandlung ist so wie beim Fußgeruch. Zusätzlich sollte man nach der Prozedur die Fersen und andere eingerissene Stellen mit Öl einreiben und es einwirken lassen.

Bis die Haut weich ist, ist es nützlich, sie mit Bimstein abzureiben, damit die tote Haut schneller verschwindet.

Die Schrunden heilen nach 2-3 Tagen.

☞ Protokoll W: Fußbad: 15 - 18 ppm CDL = ca. pH 3.8 - 3.7 A-CDL: http://www.vitaswing.de/a-cdl/Protokoll_W.htm

☞ Protokoll D: 750 - 1250 ppm CDL = ca. pH 2.0 - 1.7 A-CDL: http://www.vitaswing.de/a-cdl/Protokoll_D.htm

Schuppenflechte (Psoriasis)

Ein Behandlungszyklus beträgt 6 Tage. Vor der Behandlung sollte man sich mit Seife waschen. Auf den betroffenen Stellen warme Umschläge machen, damit die Schuppen weich werden. Danach sollte man die entsprechenden Bereiche (Schuppen, Grinde) mit warmem **A-CDL** anfeuchten und nach 5-8 Minuten mit warmem **Katholyt** anfeuchten.

Die übrigen 6 Tage 5-8 mal pro Tag nur mit **Katholyt** anfeuchten. Man braucht kein Dampfbad und keine Behandlung mit **A-CDL.**

Ausserdem werden 150 ml **A-CDL** vor dem Essen während der ersten 3 Behandlungstage und 125 ml **Katholyt** während der übrigen 3 Tage getrunken.

Nach der ersten Behandlungswoche (nach erstem Zyklus) wird eine wochenlange Pause gemacht und die Behandlung von Anfang an wie beschrieben wiederholt. Wieviel solche Zyklen man braucht, hängt von dem Organismus des Menschen, seiner Empfindlichkeit ab, und wie konsequent er sich an die Empfehlungen hält. Bei einigen Menschen fängt die Haut an, trocken zu werden. Die Haut juckt, platzt, schmerzt. In solchen Fällen muss man sie mit **A-CDL** anfeuchten und sie mit **Katholyt** erweichen.

Nach 4-5 Behandlungstagen werden die beschädigten Stellen sauber, an einigen Stellen wird die Haut sauber, rötlich. Allmählich verschwinden die Schuppen. Meistens reichen 3-4 Behandlungszyklen. Während der Behandlung sollte man nicht rauchen, keine Alkoholgetränke gebrauchen, scharfe Speisen, geräuchertes Fleisch und Stress meiden.

☞ Protokoll C: 30 bis 90 ppm CDL = ca. pH 3.8 bis 2.6 A-CDL: http://www.vitaswing.de/a-cdl/Protokoll_C.htm

☞ Protokoll D: 750 - 1250 ppm CDL = ca. pH 2.0 - 1.7 A-CDL: http://www.vitaswing.de/a-cdl/Protokoll_D.htm

Schwellungen von Beinen und Händen

Man sollte 3 Tage lang 4 mal pro Tag ungefähr eine halbe Stunde vor dem Essen und für die Nacht das aktivierte Wasser auf solche Weise trinken: Am ersten Tag 125 ml **A-CDL** trinken. Am zweiten Tag 125 bis 190 ml **A-CDL** trinken.

Am dritten Tag 125 ml **Katholyt** trinken.

☞ Protokoll B: 18 - 72 ppm CDL = ca. pH 3.7 - 2.8 A-CDL: http://www.vitaswing.de/a-cdl/Protokoll_B.htm

Sodbrennen

Vor dem Essen 125 ml oder 250 ml **Katholyt** trinken. Wenn das nicht hilft, kann man es nach dem Essen trinken. Das Sodbrennen vergeht, wenn man eine halbe Stunde nach dem Essen etwas (unraffiniertes) Meersalz lutscht.

Das **Katholyt** vermindert den Säuregehalt, das Sodbrennen vergeht.

Venenerweiterung

Die erweiterten und blutenden Stellen mit **A-CDL** spülen, trocknen lassen, danach einen Umschlag mit **Katholyt** darauflegen und 125 ml **A-CDL** trinken. Nach 2-3 Stunden weitere 125 ml **Katholyt** trinken und das alle 4 Stunden 2-3 Tage oder länger wiederholen.

Wenn der **Blutdruck steigt**, wird eine Pause gemacht, d.h. das Katholyt wird nicht getrunken. Um schnell den **Blutdruck zu senken**, sollte man 125 ml oder 250 ml A-CDL trinken.

Die Krankheit vergeht allmählich.

☞Protokoll B: 18 - 72 ppm CDL = ca. pH 3.7 - 2.8 A-CDL: http://www.vitaswing.de/a-cdl/Protokoll_B.htm

Venenprobleme

Wenn die **Venen** auffallend sind, sollte man diese Stellen mit **A-CDL** anfeuchten oder Umschläge damit machen. Die Stellen danach mit **Katholyt** anfeuchten. Die Beine mit warmem Wasser und Seife waschen, trocknen und mit warmem **A-CDL** anfeuchten. Trocknen lassen. Über Nacht **Katholytumschlag** auf die Beine machen, am Morgen die weiß und weich gewordene Haut mit Öl einreiben.

☞Protokoll B: 18 - 72 ppm CDL = ca. pH 3.7 - 2.8 A-CDL: http://www.vitaswing.de/a-cdl/Protokoll_B.htm

Verstopfung

250 ml **Katholyt** trinken. Wenn man oft an Verstopfung leidet, sollte man nach der Ursache forschen. Bei älteren Menschen empfiehlt man, den Dickdarm mit Hilfe eines Klistiers zu entleeren. Bei der Vorbereitung des Wassers für das Klistier kann man 4/5 Teil **A-CDL** dazu geben (anstatt Zitronensäure). Die Verdauung und Kotdurchgängigkeit werden besser.

☞ Protokoll R: Rektalspülung: 120 ppm CDL = ca. pH 2.8 A-CDL: http://www.vitaswing.de/a-cdl/Protokoll_R.htm

Wunden

Wunden durch Schnitte, Stiche, Kratzwunden, Hautrisse: Die Wunde gut mit **A-CDL** auswaschen, warten, bis sie trocken wird. Dann Auflage mit **Katholyt** machen und verbinden. Danach bis zur völligen Heilung mit **Katholyt** anfeuchten. Es genügt, kleinere, saubere Kratzwunden einige Male mit **Katholyt** anzufeuchten. Die kleineren Wunden heilen nach 1-2 Tagen. Die grösseren Wunden heilen nach 3-4 Tagen.

Wundheilstörungen:

☞ Protokoll C: 30 bis 90 ppm CDL = ca. pH 3.8 bis 2.6 A-CDL: http://www.vitaswing.de/a-cdl/Protokoll_C.htm

☞ Protokoll D: 750 - 1250 ppm CDL = ca. pH 2.0 - 1.7 A-CDL: http://www.vitaswing.de/a-cdl/Protokoll_D.htm

Wunden, eitrige und postoperative

Die Wunden mit warmem **A-CDL** spülen und trocknen lassen. Nach 5-8 Minuten sollte man sie mit **Katholyt** anfeuchten und das 6-8 mal pro Tag wiederholen.

Stattdessen kann man die Wunde auch verbinden und **Katholyt** auf den Verband geben.

Wenn die **Wunde eitert,** sollte man sie mit **A-CDL** behandeln und danach die Behandlung mit **Katholyt** fortsetzen. Während der Behandlung sollte man sich bemühen, dass keine Infektion in die Wunden gelangt.

Die Wunden werden trocken, sauber, danach fangen sie an, schnell zu heilen. Alte tropische Wunden heilen langsamer.

Die postoperativen Wunden heilen 30% schneller im Vergleich zu der Anwendung der traditionellen Methoden.

Wundheilstörungen:

☞ Protokoll C: 30 bis 90 ppm CDL = ca. pH 3.8 bis 2.6 A-CDL: http://www.vitaswing.de/a-cdl/Protokoll_C.htm

☞ Protokoll D: 750 - 1250 ppm CDL = ca. pH 2.0 - 1.7 A-CDL: http://www.vitaswing.de/a-cdl/Protokoll_D.htm

Wundliegen, Liegewunde (Decubitus)

Wunde Stelle vorsichtig spülen, mit erwärmtem **A-CDL** behandeln, trocknen lassen, danach mit erwärmtem **Katholyt** behandeln. Die Wunde verbinden und den Verband regelmäßig mit **Katholyt** anfeuchten.

Wenn man beim Verbinden wieder Eiter bemerkt, muss man die Stelle mit **A-CDL** abwaschen und die Behandlung mit **Katholyt** fortsetzen. Es ist vorteilhaft, Leinen-Betttücher zu verwenden oder auf Leinsaat zu liegen, damit die Wunde 'atmen' kann. Die Praxis zeigt, dass das Wundliegen bei solcher Behandlung im Vergleich zu der Behandlung mit chemischen Arzneien schneller heilt.

☞ Protokoll D: 750 - 1250 ppm CDL = ca. pH 2.0 - 1.7 A-CDL: http://www.vitaswing.de/a-cdl/Protokoll_D.htm

Wurmkrankheit (Helminthosis)

Am Morgen wird nach dem Stuhlgang mit einem **A-CDL-Abführklistier** behandelt. Nach einer Stunde ein weiteres Klistier mit **Katholyt** geben. Später sollte man jede halbe Stunde den ganzen Tag über 125 ml **A-CDL** trinken. Die nächsten 24 Stunden auf gleiche Weise **Katholyt** zur Wiederherstellung der Gesundheit und Energie trinken. Wenn die Krankheit nach 48 Stunden nicht vergeht, sollte man den Zyklus wiederholen. In ersten 24 Stunden mag der Zustand nicht besonders gut sein. Er verbessert sich aber nach der Anwendung des **Katholyt**.

☞ Protokoll E: Einlauf mit 30 ppm CDL = ca. pH 3.4 A-CDL: http://www.vitaswing.de/a-cdl/Protokoll_E.htm

☞ Protokoll P: Parasitenbekämpfung. Einläufe: 15 - 30 ppm CDL = ca. pH 3.8 - 3.4 A-CDL: http://www.vitaswing.de/a-cdl/Protokoll_P.htm

Zähneputzen, Mundprophylaxe

Spülen Sie den Mund vor dem Zähneputzen mit **A-CDL** und geben Sie es in die Munddusche. Es desinfiziert und schützt so Zahnfleisch und Zähne.

Die Zähne mit **Katholyt** putzen. Wenn die Zähne gesund sind, sollte man **Katholyt** statt Zahnpasta putzen.

Für Desinfektionszwecke nach dem Zähneputzen den Mund mit **A-CDL** spülen.

Die letzte Spülung mit **Katholyt** durchführen.

☞ Protokoll J = Mundspülung 180-240 ppm = ca. pH 2.7 bis 2.6: http://www.vitaswing.de/a-cdl/Protokoll_J.htm

Zahnfleischbluten (Parodontose)

Behandlung wie bei den Zahnschmerzen oder wie bei Empfehlung betreff des Zähneputzens und Mundprophylaxe. In solchen Fällen den Mund nicht kürzer als 10 Minuten spülen.

Bei **Zahnfleischbluten** sollte man nach jedem Putzen und jedem Essen lange mit **A-CDL** spülen (3-4 Male je 1-2 Minuten). Das letzte Mal mit **Katholyt** spülen.

Die Blutung des Zahnfleisches wird vermindert und hört auf. Allmählich verschwindet Zahnstein.

☞ Protokoll J = Mundspülung 180-240 ppm = ca. pH 2.7 bis 2.6: http://www.vitaswing.de/a-cdl/Protokoll_J.htm

Zahnfleischentzündung

Da Bakterien und Viren, falsch plombierte Zähne, auch Zahnbelag diese Krankheit verursachen, sollte man zuerst die Ursachen beseitigen: Hygieneforderungen einhalten, Zähne putzen und nach jedem Essen einige Male 1-2 Minuten den Mund mit **A-CDL** spülen, Mundhöhle und Zahnfleisch desinfizieren. Es ist nützlich, regelmäßig das Zahnfleisch zu massieren.

Die Blutung des Zahnfleisches vermindert sich, Zahnbelag und Zahnsteine werden reduziert.

☞ Protokoll J = Mundspülung 180-240 ppm = ca. pH 2.7 bis 2.6: http://www.vitaswing.de/a-cdl/Protokoll_J.htm

Zahnschmerzen

10-20 Minuten den Mund mit erwärmtem **A-CDL** spülen. Die Prozedur kann man wiederholen.

Die Schmerzen vergehen.

☞ Protokoll J = Mundspülung 180-240 ppm = ca. pH 2.7 bis 2.6: http://www.vitaswing.de/a-cdl/Protokoll_J.htm

Anhang

Tabellen als Ersatz für pH- und ppm-Messungen

Jedes Wasser (außer destilliertem und Umkehrosmosewasser) hat eine eigene Zusammensetzung aus basischen und sauren Ionen. Daher können folgende Tabellenangaben keine allgemeingültigen Messwerte darstellen, mit welcher Elektrolysedauer bestimmte pH- oder Chlordioxidkonzentrationen zu erzielen sind.

Hat man ein- oder zweimal Messungen mit pH- und ppm-Chlordioxid-Messmethoden gemacht und die Werte tabellarisch festgehalten, kann man daraus ablesen, wieviele Minuten die Elektrolyse dauern muss, um bestimmte pH- und ppm-Chlordioxid-Konzentrationen zu erhalten.

Das erspart weitere pH- und ppm-Messungen. Überdies sind dann auch keine Wasserverdünnungen (wie bei herkömmlich hergestelltem CDL) mehr erforderlich, um die gewünschte ppm-Konzentration zu bekommen.

Anhand von Beispielen mit unterschiedlicher Menge von Magnesiumchlorid und Salz (in Bodenseeleitungswasser) zeige ich nun, wie man nach Erstellung einer Tabelle nachschauen kann, wie lange eine Elektrolyse durchzuführen ist, um bestimmte pH- bzw. ppm-Konzentrationen zu erhalten.

Tabellenaufbau

Herstellung von ionisiertem basischem und saurem Wasser:

- 1 Liter sauberes Wasser (hier Bodenseewasser mit deutschen Härtegrad dH 9)
- Mineralzusatz ins Elektrolysewasser
- Elektrolyse mit 24 Volt Gleichstrom

Die nachfolgenden Tabellen zeigen in

- Spalte 1 die Dauer der Elektrolyse in Minuten an
- Spalte 2 die Chlordioxid-Konzentration in ppm (Parts pro Million)
- Spalte 3 den sauren pH-Wert des Anolyt-Chlordioxids
- Spalte 4 den basischen pH-Wert des Katholyt
- Spalte 5 den Geschmack der basischen Katholytlösung
- Spalte 6 den Geschmack der sauren Anolyt-Chlordioxidlösung (A-CDL)

Tabelle 01: 5 ml 31%iges Magnesiumöl in 1 L. Leitungswasser dH 9

5 ml MgÖl = 1,6 g = 2/3 TL Magnesiumchloridkristalle = 370 mg pures Magnesium.

Elekt-rolyse Min.	A-CDL ppm	A-CDL pH	Katholyt pH	Katholyt-Geschmack	A-CDL-Geschmack
1	10	5.5	9.0	Neutral	leicht chlorig
2	**30**	**5.0**	**9.0**	Neutral	**leicht chlorig**
3	50	4.5	9.5	Neutral	leicht chlorig und säuerlich
4	60	4.0-3.5	10.0	Leicht brackig	leicht chlorig und säuerlich
5	75	3.0	10.5	Leicht brackig	leicht säuerlich
6	100	3.0	11.0	Leicht brackig	säuerlich
7	120	2.5	12.0	Fischig	säuerlich
8	150	2.3	12.5	seifig	säuerlich
9	170	2,2	12.5-13	seifig	säuerlich
10	200	ca. 2,0	ca. 13	seifig	säuerlich

Zwecke:

- A-CDL und Katholyt für innere und äußere Gesundheitszwecke, starke Wasserstoffbildung an Kathode, Magnesiumwirkungen.

Tabelle 02: 10 ml 31%iges Magnesiumöl in 1 L Leitungswasser dH 9

10 ml MgÖl = 3,2 g = 2/3 TL Magnesiumchloridkristalle
= 370 mg pures Magnesium

Elekt-rolyse Min.	A-CDL ppm	A-CDL pH	Katholyt pH	Katholyt-Ge-schmack	A-CDL-Geschmack
1	25	6.0	8.5	Neutral, wohl-schmeckend	**leicht bitter und chlorig**
2	50	5.5	9.5	Neutral, wohl-schmeckend	leicht säuer-lich, kaum chlorig
3	60	4.0	10.0	Leicht brackig	leicht säuer-lich
4	75	3.0	10.5	Leicht brackig	säuerlich
6	100	2.8	11.0	fischig	säuerlich
10	200-250	2.5 oder tiefer	12.5	seifig	säuerlich, gut trinkbar

Zwecke: Magnesiumchlorid ins Elektrolysewasser ist

- für innere und äußere Gesundheitszwecke
- raschere Anolyt-Chlordioxid- und Katholytherstellung
- starke Wasserstoffgas-Bildung an der Kathode
- basisches Katholytwasser für konzentrierte Magnesiumzufuhr. (s. http://www.vitaswing.de/gesund/magnesium/)

Mit bis zu 370 mg purem Magnesium im basischen Katholytwasser kann auch **zugleich der größte Teil des täglichen Magnesiumbe-darfs gedeckt** werden. Damit es besser aufgenommen werden kann, sollte es über den Tag verteilt eingenommen werden.

Tabelle 03: 1 g Meersalz in 1 L Leitungswasser dH 9

1 g = 1 Messerspitze = 0,1 % Sole

Elektro-lyse Min.	A-CDL ppm	A-CDL pH	Katholyt pH	Katholyt-Geschmack	A-CDL-Geschmack
30 Sek.	5-10	5.5	8.0	Neutral, wohl-schmeckend	leicht chlorig
60 Sek.	15	5.3	8.0	Neutral, wohl-schmeckend	leicht chlorig
90 Sek.	20	5.2	8.5	Neutral, wohl-schmeckend	leicht säuer-lich
2 Min.	**25**	5.0	**9.5**	Neutral, wohl-schmeckend	leicht säuer-lich
3 Min.	**50**	4.5	**10.0**	Leicht brackig	säuerlich
5 Min.	60	3.3	10.0	Leicht brackig	säuerlich
6 Min.	70	3.0	10.0	Leicht brackig	säuerlich
8 Min.	75	2.5	11.0	fischig	sauer, mild

Zwecke: naturbelassenes Meersalz ins Elektrolysewasser ist für

- innere und äußere Gesundheitszwecke
- rasche Anolyt-Chlordioxid- und Katholytherstellung
- starke Wasserstoffgas-Bildung an der Kathode
- Deckung der elementaren Mineralien und Spurenelemente

Tabelle 04: 2 g Tafelsalz in 1 L Leitungswasser dH 9

2 g = 2 Msp Salz = 0,2%ige Sole

•

Elekt-rolyse Min.	A-CDL ppm	A-CDL pH	Katholyt pH	Katholyt-Geschmack	A-CDL-Geschmack
1	5	6.0	9.0	normal	Leicht chlorig
2	50	4.0	10.0	leicht brackig	Leicht sauer
3	100	3.0	**11.0**	leicht fischig	Leicht sauer
4	120	2.5	**12.0**	leicht seifig	Sauer
5	150	2.3	**13.0**	seifig	Sauer
6	200	2.2	**13.2**	seifig	Sauer
8	250	2.0	**13.5**	seifig	Sauer
10	500	unter 2.0	**13.5-14.0**	seifig	Sauer

Zwecke: naturbelassenes Meersalz ins Elektrolysewasser ist ideal

- Für rasche Anolyt-Chlordioxid- und Katholytherstellung
- starke Wasserstoffgas-Bildung an der Kathode
- tiefe pH-Konzentrationen **vorwiegend für äußere A-CDL-Anwendungen** (Desinfektion, Giftneutralisierung)
- hohe pH-Konzentrationen vorwiegend für Reinigungs-, Entfettungs- und gleichzeitig für Desinfektionszwecke

Warnung: Verwendet man z.B. eine 0,9%ige Salzlösung, dann wird der Stromfluss durchs Elektrolysewasser so stark, dass sich die Anode und Kathode stark erhitzen. In ca. 10-15 Minuten können zwar 350 ml sehr saure pH-Konzentrationen bis pH 1.5 und basische pH-Konzentrationen bis 13.5 hergestellt werden.

Allerdings zerfrisst ein so salziges Elektrolysewasser die stromführende Anode sehr rasch. Sie muss dann ersetzt werden.

Tabelle 05: 10 ml 31%iges Magnesiumöl
in 1 L Umkehrosmosewasser TDS 11

10 ml MgÖl = 3,2 g = 2/3 TL Magnesiumchloridkristalle
= 370 mg pures Magnesium, Elektrolyse mit 24 Volt

Elektrolysedauer

Minuten	CDL ppm	A-CDL pH	Katholyt pH
1	1	2.8	8.8
1 ½	10	2.7	8.7
2	**30**	**2.8**	**9.2**
2 ½	**50**	**2.8**	**9.3**
3	60	2.7	9.4
3 ½	70	2.6	9.4
4	80	2.6	9.4
4 ½	**100**	**2.5**	**9.4**
5	120	2.4	9.4
6	140	2.4	9.4
7	150	2.4	9.3
8	175	2.3	9.3
9	200	2.3	9.2
10	210	2.2	9.1
11	230	2.2	9.0
12	240	2.2	8.7
14	260	2.2	8.4

Zwecke: Magnesiumchlorid ins Elektrolysewasser

- ist für innere und äußere Gesundheitszwecke, wo besondere Wasserreinheit erforderlich ist.
- bewirkt sehr rasche Anolyt-Chlordioxidherstellung.
- Katholyt verbleibt lange im Trinkwasserbereich (bis 9.5).
- bewirkt starke Wasserstoffgas-Bildung an der Kathode.
- ermöglicht konzentrierte Magnesiumzufuhr. (s. http://www.vitaswing.de/gesund/magnesium/)

Fachurteile über H₂-Wasserstoffgaswasser

In fast 1000 Studien ist seit 2007 - teils durch Doppelblindverfahren - bewiesen worden, dass H_2-Wasserstoffgas (= Wasserstoff-Wasser) **bei mehr als 170 neurodegenerativen und anderen Erkrankungen positive Wirkungen aufweise.**

Eine preiswerte, einfache, überall für Alle mögliche Herstellung ist daher äußerst wünschenswert!!

H_2-Wasserstoffgas-Forscher Dr. Hayashi äußerte die Überzeugung: *"Wenn wasserstoffreiches Wasser einfach, zuverlässig und billig erhältlich wird, denke ich, dass die Welt sich dramatisch verändern wird. Das meint, dass man über gute Gesundheit und Krankheitsvorbeugung nicht mehr länger als Spitzenthema zu diskutieren braucht, und die Menschen brauchen nicht länger mehr einen Schrecken vor Krankheit ("Es ist Krebs!" "Es ist Diabetes!" "Es ist Hay'sches Fieber!") zu haben, wie es gegenwärtig der Fall ist."*

(http://www.hydrogeninmywaterbottle.com/html/lecture.html)

Diese Idealvorstellung, Wasserstoffgaswasser *„einfach, zuverlässig und billig" herstellen zu können,* erfüllt der H_2-Wasserionisierer aufgrund der Verwendung einer schmalen (-)Elektrode und geeigneter Mineralbeimischung ins Elektrolysewasser in jedem Punkt!!

Der H_2-Wasserionisierer kann jedoch gleichzeitig noch das innerlich und äußerlich anwendbare Anolyt-Chlordioxid herstellen!

Fachurteile über Chlordioxidlösung

Die US-Army dokumentiert auf ihrer Webseite, dass **bislang keine Sporen, Bakterien, Viren und Pilze gefunden wurden, die sich gegen Chlordioxid als resistent erwiesen haben.**

Die **NASA nennt Chlordioxidösung "ein universelles Gegenmittel".**

Viele Ärzte und Wissenschaftler halten es für die wichtigste Entdeckung in der Medizin der letzten 100 Jahre.

Dr. Dietrich Klinghardt (Arzt, führender Umweltmediziner) über Chlordioxidlösung:

„CDL spielt dem normalen Bürger eine ‚Atombombe' in die Hand, mit der er verantwortlich die eigene Gesundheit steuern kann."

> *„Wenn mich jemand fragen würde: Wenn du deine Medizin auf **ein** Mittel reduzieren würdest, was wäre das Mittel? Es ist ganz klar CDL, da gibt es keinen Zweifel."* Quelle: https://t.me/Chlordioxid/2019

Das vollständige Interview mit Dr. Klinghardt: https://paradigma-konferenz.com/

☞ Mit einem H_2-Wasserionisierer kann man also bei Anwendung geeigneter Mineralzusätze zwei hochwirksame, vielseitig einsetzbare ionisierte basische und saure Wasserarten in jeder gewünschten Konzentration zu unvergleichlich niedrigen Kosten überall und jederzeit in wenigen Minuten herstellen!

☞ **Erfahrungsberichte mit CDL:** https://paradigma-konferenz.com/erfahrungsberichte/

Literatur- und Internetquellen

- Asenbaum, Karl Heinz: "Elektroaktiviertes Wasser - Eine Erfindung mit außergewöhnlichem Potential"; 504 S., ISBN: 978-3981120400, Hardcover 39,70 €

- Asenbaum, Karl Heinz: "Elektroaktiviertes Wasser - Eine Erfindung mit außergewöhnlichem Potential", verkürzte Produktwerbe-Broschüre, 108 S.: https://www.aquacentrum.de/app/uploads/sites/7/2018/04/Elektroaktiviertes-Wasser-Kurzfassung-mit-AC-Anzeige-108-S.pdf

- Asenbaum, Karl Heinz/Dr. med. Walter Irlacher/Dipl. Ing. Dietmar Ferger "Trink Dich basisch - Das Brevier zum basischen Aktivwasser." (2008)
- Buch und Video; https://www.aquacentrum.de/app/uploads/2020/07/2011-Trink-Dich-basisch-Das-Brevier-zum-basischen-Aktivwasser-39-S-K-HAsenbaum.pdf

- Ferger, Dietmar: „Basisches Aktivwasser – wie es wirkt und was es kann", Librion Verlag, 2007, ISBN: 978-3-9810897-0-7

- Soland, Patrick: Gesundheitstipps-Nachschlagewerke, Vers. 4.0, 2022: https://t.me/sheddingopferschweiz/18262
- Gutemann, Gerd: „Anolyt-Chlordioxid": http://www.vitaswing.de/a-cdl/

- Gutemann, Gerd: „Wasserstoffgas": http://www.vitaswing/gesund/ph-milieu/wasserstoffgas.htm

- Gutemann, Gerd: „Selbstbau-H_2-Wasserionisierer": http://www.vitaswing/gesund/ph-milieu/wasserionisierer-diy.htm

- COMUSAV-Handbuch: https://paradigma-konferenz.com/wp-content/uploads/2022/05/Comusav-Handbuch.pdf

- Humble, Jim "MMS. Klinisch getestet" 305 Seiten; Jim Humble Verlag: 2013; ISBN: 978-90-8879-072-0

- Hecht, Karl, Hecht-Savoley, Elena: „Klinoptilolith-Zeolith – Siliziummineralien und Gesundheit", 2008, ISBN: 978-3-88778-322-8

- Irlacher, Asenbaum: "Servicehandbuch Mensch": https://www.aqua-centrum.de/app/uploads/sites/7/2015/06/Servicehandbuch-Mensch-Dr-Irlacher-und-K-H-Asenbaum-Free-PDF.pdf

- Kalcker, Andreas: „Gesundheit verboten – Unheilbar war gestern", Jim Humble Verlag, ISBN: 9789088791567, 3. Aufl. 2019

- Kalcker, Andreas "CDS/MMS Heilung ist möglich" 205 Seiten; Jim Humble Verlag: März 2014; ISBN: 978-9088790904

- Kangenwasser - Anwendungen (Internetseiten verschiedener Vertreiber)

- Oswald, Antje "Das MMS-Handbuch. Gesundheit in eigener Verantwortung" 300 Seiten; 7. überarbeitete Auflage 2012; ISBN:978-3-981525502

- Patent „Verfahren zur Herstellung eines Desinfektionsmittels durch elektrochemische Aktivierung (ECA) von Wasser und Verfahren zur Desinfektion von Wasser mittels eines solchen Desinfektionsmittels"
  http://www.patentde.com/20080327/DE102006043267A1.html

- Sibilskis, Petras, Prof. Dr.: „Das Wasser – die Quelle der Gesundheit", Kaunas, 2003

- Warum antioxidatives & aktives Wasserstoff Wasser trinken? https://www.grueneperlen.com/warum-antioxidatives-aktives-wasserstoff-wasser-trinken?

- Whang, Sang: „Der Weg zurück in die Jugend", ISBN 3-8334-1485-5

- Anwendungshinweise von Fa. Innowatech (http://www.innowatech.de/)

Videos zu CDL in deutscher Sprache

- Dr. Manuel Aparicio Alonso erläutert Zahlen und Fakten über den therapeutischen Einsatz und die Sicherheit von Chlordioxid bei Covid-19: https://comusav.de/chlordioxid-covid/
  Es gibt jetzt eine deutsch synchronisierte Version vollständigen Interviews Interviews mit Dr. Manuel Aparicio *https://gehtanders.de/aiovg_videos/chlordioxid-in-mexico-interview-dr-manuel-aparicio/*

- Vortrag von Dr. Theresa Forcades: *Chlordioxid – Gift oder Medizin? (https://odysee.com/@MissionGesundheit:b/chlrodioxid-gift-oder-medizin:8)*

- Vortrag von Andreas Kalcker: *Eigentherapie mit Chlordioxid (https://odysee.com/@MissionGesundheit:b/Eigentherapie-MMS-Chlordioxid-Andreas-Kalcker:8)*

- Studie (3/2021) zur Wirksamkeit von Chlordioxidlösung bei der Behandlung COVID-19: *www.hilarispublisher.com/open-access/determinationof-the-effectiveness-of-chlorine-dioxide-in-the-treatment-of-covid-19.pdf* (engl.)

- *Ist Chlordioxid sicher für die menschliche Anwendung?* Ein zweiter Trailer zur deutschen Version der Doku *The Universal Antidote*, bzw. *Das Universelle Gegenmittel: https://t.me/MissionGesundheit/1036*

Telegram-Kanäle zu CDL/A-CDL

- Anolyt-Chlordioxid: https://t.me/A_CDL
- Impfalternativen: https://t.me/impfalternativen
- Chlordioxid (A. Kalcker): https://t.me/Chlordioxid
- Erfahrungsberichte mit Chlordioxid: https://t.me/erfahrungsberichtemitcdl
- Shedding-Opfer D-A-CH: https://t.me/sheddingopferschweiz
- Impfschaden Coronaimpfstoffe: https://t.me/impfschadencorona
- Graphenagenda: https://t.me/GrapheneAgenda
- Analysen und Dokumente des Expertcouncil: https://t.me/agimpfstoffe